Dagmar Winterhalter-Salvatore

Die Reise der kleinen Sonne

Praxisbuch für Erzieherinnen

1. Auflage

Bestellnummer 50092

Bildungsverlag EINS
a Wolters Kluwer business

Haben Sie Anregungen oder Kritikpunkte zu diesem Buch?
Dann senden Sie eine E-Mail an 50092@bv-1.de
Autoren und Verlag freuen sich auf Ihre Rückmeldung.

Sie finden uns im Internet unter:
www.bildungsverlag1.de
www.bildung-von-anfang-an.de

Bildungsverlag EINS
Sieglarer Straße 2, 53842 Troisdorf

ISBN 978-3-427-**50092**-6

Inhalt

Einleitung

Märchen und Naturwissenschaften – eine Partnerschaft von Kreativität, Fantasie und der Auseinandersetzung mit Naturgesetzen

Wenn wir Kinder beobachten, ihnen zuhören und ihre Fragen wahrnehmen, können wir immer wieder feststellen: Kinder setzen sich permanent mit ihrer Umwelt und deren vielfältigen Erscheinungsformen auseinander. Kinder entdecken täglich Neues, das sie zum Ausprobieren und Erforschen anregt. Kinder hören Geschichten und sehen Sendungen von Sternen und fernen Welten, die ihre Neugierde und Fantasie wecken. Kinder bauen, panschen, nehmen auseinander und setzen neu zusammen. Kinder stellen uns Fragen über Zusammenhänge, Erscheinungsformen, Wirkungen und Veränderungen in der sie umgebenden Welt.

Ein ganzheitlicher Ansatz: Märchen und Naturwissenschaften

Geschichten und Märchen ermöglichen nicht nur erste Schritte in eine Welt der Bücher und der Literatur, sondern sie sind Wegbegleiter der Kinder. Märchen erleben heißt Welterfahrungen machen. Sie geben Grundorientierung, Hoffnung und Zuversicht, ohne dabei realitätsfern zu sein.
Eine besondere Bedeutung kommt der Verknüpfung von Märchen und kindlicher Entwicklung zu. Das magische Denken und die Beseelung der Welt helfen den Kindern, ihre Umwelt zu begreifen und Entdecktes in ihre Welt zu integrieren. Die Botschaft des Märchens ist dabei eindeutig: es gibt Probleme und auch Konflikte, aber sie lassen sich bearbeiten und überwinden.

Aber was hat dies mit der logischen Auseinandersetzung in den Naturwissenschaften zu tun?
Naturwissenschaften stellen den anderen Teil unseres Daseins dar. Sie sind real, folgen festen Gesetzen, sind wiederholbar und verlässlich. Beobachtetes lässt sich erforschen, lässt Zusammenhänge verstehen und macht unsere Welt erlebbar.

Wie gut die beiden Bereiche, märchenhafte Geschichten und die Auseinandersetzung mit der Natur, zusammenpassen, zeigen u. a. die ähnlichen Motive und Gestaltungselemente.
Kinder sind fasziniert von Elementen wie Luft und Wasser, von fernen Welten mit Sonnen und Sternen, vom Mikrokosmos und vom eigenen Körper.

> *„Kinder haben eine intensive Beziehung zu ihrer natürlichen Umgebung. … Deshalb lieben sie Märchen, die sich mit der Natur und ihren Phänomenen beschäftigen, die ihre Beobachtungen aufgreifen und der kindlichen Vorstellungswelt angepasste Erklärungen bieten“*[1]

Die Auseinandersetzung mit beiden Bereichen, Märchen und Naturwissenschaften, erfordert Fantasie und Kreativität, Wahrnehmungsfähigkeit und vor allem die Fähigkeit zu Staunen. Hieraus kann sich u. a. Lernfreude und die Bereitschaft, sich mit Geduld und Ausdauer neuen Wissensbereichen zu nähern, entwickeln. Für viele Erzieherinnen[2] in Kindertageseinrichtungen ist es Neuland, sich mit naturwissenschaftlichen Themen und dem Bereich Technik auseinanderzusetzen. Meist sind die eigenen Erfahrungen in diesen Bereichen nicht besonders positiv und daher die Ressentiments relativ hoch. Wurden aber einmal die Hürden überwunden, werden die Themen als interessant und spannend wahrgenommen und mit viel Spaß erlebt.

[1] Smeets, Friederike, in: Diergarten, Anne/Smeets, Friederike, Komm, ich erzähl dir was, 4. Auflage, München, Kösel Verlag, 1987, S. 164.

[2] Aus Gründen der besseren Lesbarkeit wird in diesem Buch nur die feminine Berufsbezeichnung verwendet. Selbstverständlich sind gleichzeitig immer auch alle männlichen Erzieher angesprochen.

Erfahrungen der Erzieherinnen zeigen, dass Mädchen und Jungen ein gleichermaßen großes Interesse an den Phänomenen der Natur haben. Darüber hinaus verfügen Kinder im Kindergartenalter über natürliches Interesse und Neugierde am Experimentieren und Beobachten. Sie können sich auch nach längerer Zeit noch sehr gut an Experimente und die damit verbundenen Abläufe erinnern. Der positive Bezug der Kinder zu ihrer Dingwelt wird gefestigt und gefördert. Er führt zu einem entwicklungsentsprechenden „Expertenwissen" und trägt damit auch zur Entwicklung eines positiven Selbstkonzeptes bei.

Die Bildungseinrichtungen haben sich auf den Weg gemacht

In allen Bundesländern wurden aktuelle Bildungs- und Erziehungspläne für den Elementarbereich entwickelt. Außerdem wird vielerorts in den neuen Curricula der Grundschulen ein ganzheitlicher und bereichsübergreifender Ansatz festgeschrieben und auch die Ausbildungsstätten erarbeiten mit den Studierenden der Sozialpädagogik lernfeldorientierte Situationen, die alle Fachbereiche integrieren sollen.
Bildung definiert sich weitestgehend im ganzheitlichen ko-konstruktiven Ansatz. Daraus lassen sich Leitziele wie z. B. Stärkung kindlicher Autonomie und sozialer Mitverantwortung, aber auch Stärkung lernmethodischer Kompetenz ableiten.

Das vorliegende Praxisbuch zur Märchensammlung „Die Reise der kleinen Sonne" bietet bildungsübergreifende Praxisvorschläge zur Verknüpfung von Märchen und Bildungsbereichen im Elementarbereich an. Die Inhalte der Märchen greifen grundlegende Interessen der Kinder auf und ermöglichen darüber hinaus einen gelungenen Zugang zur naturwissenschaftlichen Auseinandersetzung.
Neben naturwissenschaftlichen Inhalten werden auch weitere Bildungsbereiche angesprochen:

Naturwissenschaftliche Bildung

Kinder entdecken mit großer Neugier ihre direkte Umwelt. Ihre Fragen dokumentieren großes Forscherinteresse und ihre Wissbegierde erstreckt sich dabei zumeist auf alles, was um sie herum ist, sich beobachten und entdecken lässt. Ein Großteil der Fragen der Kinder beschäftigt sich mit physikalischen, chemischen, biologischen, geologischen und auch astronomischen Begebenheiten. Diese Begebenheiten können wir tagtäglich entdecken und beobachten, denn unser Alltag ist geprägt von naturwissenschaftlichen Phänomenen, die zum Staunen und zum Hinterfragen anregen.
Gerade, aber nicht nur, im Hinblick auf die älteren Kinder im Kindergarten ist es notwendig, u. U. eine geeignete Lernumgebung einzurichten. Ein Labor zum Erfinden, Erproben und wissenschaftlichen Auswerten, mit nicht vorgefertigten Experimentierkästen oder anderweitigen vielfältigen Materialien, kann dabei die Neugierde der Kinder wecken. Sie können dadurch ermuntert werden, Vermutungen anzustellen, Versuche durchzuführen, sich handlungsorientiert mathematischen Grundkenntnissen zu nähern und Ergebnisse in einem Forscherbuch zu dokumentieren.

Ästhetische Bildung

Ästhetische Bildung und Erziehung sind eng mit der Kunst und unserer Kultur verwoben: vom Erkennen der Farben zum Malen mit unterschiedlichen Techniken, vom Erkennen von Materialien und Werkzeugen zum bildnerischen Gestalten und vom Kennen lernen großer Künstler zur Verfeinerung der eigenen Werke.

Hinweis
Der Auf- und Ausbau von Wissensnetzen ist nach neueren Erkenntnissen schon im Kindergartenalter sehr wichtig, da sie als Fundament für den späteren Lernerfolg dienen. Freude und Spaß am Lernen in diesem Alter ist auch der Motor für eine lebenslange Lernmotivation.

Tipp
Die Erstellung eines Forschertagebuches fördert nicht nur die Kreativität der Kinder, es ist Hilfe und Nachweis der Bildungsarbeit in der Kindertageseinrichtung. Selbst dokumentierte Versuchsreihen oder Bildercollagen können die einzelnen Experimente verdeutlichen.

Mit und durch Bilder und Zeichnungen erzählen die Kinder viel von ihren Beobachtungen, ihren Gefühlen und Wünschen, dadurch sind insbesondere enge Verknüpfungen mit der sprachlichen Entwicklung gegeben.
Darüber hinaus verbindet Malen auch Bewegung und Musik – sei es im Schwung des Pinsels oder im Ausdruckstanz mit Musik: man kann nach dem Takt der Musik malen oder man lässt Töne zu Farben und Bildern werden.
Im szenischen Spiel und Tanz kommen kreative ästhetische Elemente hinzu. Das Einfühlen in die Musik durch die Weichheit der Bewegung fördert die emotionale Wahrnehmung. Sich tänzerisch zu bewegen kann Lust und Freude auslösen, und fördert die Verbundenheit mit der sozialen Gruppe.

Bildungsbereich Bewegung

Bewegung zählt zu den wichtigsten Betätigungs- und Ausdrucksformen von Kindern, denn Bewegungsmöglichkeiten und Körpererfahrungen spielen für die physische, psychische und kognitive Entwicklung eine wichtige Rolle.
Die Bewegung ist eine grundlegende Form des Denkens, erst durch sie erlangt das Kind Orientierung im Raum, in der Zeit, im Körper und damit im gesamten Handeln. Generell wird das kindliche Erleben ganzheitlich empfunden und geäußert, aus diesem Grund sind Fühlen, Denken, Wahrnehmen und Bewegen untrennbar miteinander verbunden.
Sich bewegen heißt aber auch sich fit fühlen, seine Kräfte messen, seine Grenzen kennenlernen, auch mal erster zu sein oder sich in eine Gruppe einzufinden. Sich angemessen bewegen zu können vermittelt Sicherheit und Selbstbewusstsein, das Kind erlangt ein Bewusstsein von innerer und äußerer Stärke. Bewegungserfahrungen haben somit Einfluss auf ein positives Selbstkonzept, denn nur über das Körperbewusstsein kann sich eine gesunde Ich-Identität entwickeln.

Bildungsbereich Sprache, Kommunikation und Literacy

Kinder beschäftigen sich mit Büchern lange bevor sie selbst lesen und schreiben können. Sie schmökern in Bilderbüchern, hören Geschichten und Märchen, spielen diese nach und erfinden oft selbst fantasiereiche Geschichten. Das Buch wird dabei auch zum Schlüssel für andere Bildungsbereiche: es ist Hinführung, Auseinandersetzung, Bestätigung und Weiterführung in der Erarbeitung von Themen. Darüber hinaus regt es die Kreativität und Fantasie an, eigene Gedanken und Ideen im Dialog mit anderen zu überprüfen und weiterzuentwickeln. Bild- und schriftsprachliche Erzeugnisse stellen somit einen nicht unwesentlichen Aspekt der Förderung einer grundlegenden Sprach- und Kommunikationsfähigkeit dar.
Allerdings beginnen Kinder nicht erst mit der Nutzung der aktiven Sprache zu kommunizieren. Diese Fähigkeit wird im Sinne eines lebenslangen Lernens über den Dialog schon sehr viel früher erlangt. Über den handelnden Austausch mit der direkten Umwelt (belebte und unbelebte Natur) entwickeln Kinder im Rahmen ihrer Begriffsbildung „innere Bilder“, die sie zunehmend dazu befähigen, Gehörtes einzuordnen und entsprechend weiterzuverwenden.

> **Hinweis**
> Sprachförderung geschieht nicht nur in der Interaktion von Erwachsenen und Kind oder von Kind zu Kind, sondern kann durch eine entsprechende Raumgestaltung und Materialauswahl unterstützt und gefördert werden. Bei der Ausgestaltung sollten die Kinder mit ihren Ideen und Wünschen nicht nur gehört sondern aktiv einbezogen werden.

Bildungsbereich soziales Lernen und Werteerziehung

Der Aufbau von Basiskompetenzen ist die „Keimzelle“ pädagogischer Entwicklungsbegleitung und Förderung eines Kindes. Erst durch diese Fertigkeiten sind die Kinder fähig, mit anderen Menschen zu interagieren und sich mit der dinglichen Umwelt auseinanderzusetzen.
In der Kindertageseinrichtung haben die Kinder Gelegenheit, sowohl in der Kindergruppe, als auch im Bezug zu den Erwachsenen, Beziehungen und Freund-

schaften aufzubauen, gegenseitigen Respekt einzuüben, angemessene Problemlösungen zu entwickeln und somit allgemeingültige Wertmaßstäbe menschlichen Miteinanders zu erwerben. Diese emotionalen und sozialen Kompetenzen machen es möglich, sich in eine Gruppe zu integrieren. Zielsetzungen sind dabei, sich eigener Gefühle bewusst zu werden, unangenehme Gefühle zuzulassen, aber auch die Stimmungen und Befindlichkeiten anderer Menschen zu erkennen und adäquat darauf zu reagieren. Rücksichtnahme, Respekt und Akzeptanz anderen gegenüber wie die Fähigkeit den eigenen Standpunkt und die eigene Meinung frei äußern zu können sind Grundelemente unserer Werteordnung.

Bildungsbereich Werteorientierung und ethisches Handeln

Die Vermittlung von Grunderfahrungen, die den Kindern Vertrauen und Sicherheit in ihrem Denken und Handeln geben kann auch in einer ethischen Auseinandersetzung mit Begriffen wie z. B. Achtung, Ehrfurcht, Verantwortung und Würde geschehen.
Unvoreingenommen stellen die Kinder Fragen über die Welt, zu deren Anfang und Ende, über Leben und Tod, über ihr eigenes Sein und die Existenz anderen Menschen, zu Tieren und Pflanzen sowie zur unbelebten Natur.
Indem man mit den Kindern erste Schritte beim Philosophieren wagt, ermuntert und ermutigt man sie, nachzufragen, nachzudenken, eigene Ideen zu entwickeln und kritisch zu reflektieren.
Daraus entwickeln sich Grundhaltungen, die das Leben nicht als Selbstverständlichkeit, sondern als kostbares Gut wertschätzen.
Die Kinder lernen in ersten Auseinandersetzungen neben rein naturwissenschaftlichen Betrachtungsweisen von gesetzesmäßigen Ursache-Wirkungs-Zusammenhängen den dahinter liegenden Sinn und die Bedeutung von Natur-Welt-Lebensphänomenen zu verstehen.

Bildungsbereich Gesundheitserziehung/Gesundheitsvorsorge

Nach der Definition der Weltgesundheitsorganisation (WHO) ist Gesundheit ein Zustand körperlichen, seelischen und geistigen Wohlbefindens. Die Förderung der Gesundheit geht damit über die gesunde Ernährung und Kariesprophylaxe hinaus und bezieht die Stärkung individueller und sozialer Ressourcen mit ein. Relevante Erziehungsziele sind dabei:

- Sich seiner Selbst bewusst werden, d. h., sich seiner Gefühle, der Signale seines Körpers und seines Aussehens bewusst werden.
- Sich seiner Ernährung bewusst werden, d. h., Essen als Genuss erleben, Wissen über gesunde Ernährung, Zubereitung von Speisen und die Beschaffenheit von Lebensmitteln erwerben.
- Ein Grundverständnis von Hygiene aufbauen, d. h., Kenntnisse über Körperpflege, insbesondere Zahn- und Mundpflege erlangen und regelmäßig umsetzen.
- Ein Gespür dafür entwickeln was einem gut tut, d. h., ein Grundverständnis für einfache körperliche Zusammenhänge wie z. B. Nahrungsaufnahme und Verdauung aufbauen.
- Gesundheitsvorsorge treffen, d. h., einen angemessenen Umgang mit Krankheit und Kranksein entwickeln oder auch angemessenes Verhalten im Straßenverkehr zeigen.

Hinweis

In erster Linie initiieren die Leitziele der Gesundheitsbildung und -erziehung ein Überdenken und Überprüfen der gesundheitsförderlichen Betriebsführung, Raumausstattung und Reflektion eigener Einstellungen im Gesamtteam. Für die Förderung und den Erhalt der Gesundheit der Kinder tragen die Eltern die wesentliche Verantwortung. Eine intensive partnerschaftliche Zusammenarbeit ist hierbei ein wesentlicher Bestandteil.

Einsatz von Märchen im Kindergarten

Der Einsatz und die Präsentation von Märchen im Kindergarten eröffnet Erwachsenen und Kindern ein „neues, altes Feld", das über viele Jahre in Vergessenheit geraten ist und neuerdings wieder Einzug in die Kindergartenarbeit findet.
Neben den alten Klassikern, wie den Gebrüdern Grimm, Hans Christian Andersen oder den Märchen aus 1001 Nacht, sind nun verstärkt auch neuere Märchen mit zeitgenössischeren Themen, wie z. B. im Märchenbuch „Die Reise der kleinen Sonne", auf dem Markt zu finden.

Vorlesen und Erzählen sind zwei verschiedene Dinge

„Beim Vorlesen gibt der Vortragende das Märchen wieder, wohingegen er als Erzähler ein Teil der Geschichte wird."[3]

Märchenerzählen darf sich allerdings nicht nur auf das reine Vorlesen beschränken. Es ist vielmehr das Leben einer Geschichte – Worte werden lebendig, erfahren Nuancen und erhalten dadurch Bedeutung.
Die Erzählerin entführt die Kinder durch den Einsatz von spontaner Körpersprache und Gesten in eine andere Welt, dadurch werden beim Zuhörer Bilder in die Köpfe „gezaubert" und es springt ein „Funke" über, der Kinder wachrütteln und begeistern kann.

Hinweise zur praktischen Durchführung

Kinder im Alter zwischen vier und acht Jahren sind besonders sensibel und ansprechbar für Märchen und Erzählungen. Im Allgemeinen verfügen sie bereits über eine große Anzahl „innerer Bilder" und einer damit verbundenen Vorstellungskraft, so dass sie sich in das Reich der Märchen und Geschichten „entführen" lassen können. Auch ihre Konzentrationsfähigkeit entwickelt sich zunehmend und erlaubt somit längere Phasen aufmerksamen Zuhörens.

Hinweis
Generell sind konzentriertes Hinhören und Verarbeiten der gehörten Informationen Grundpfeiler für alle Formen der Wissensaneignung. Diese Erkenntnis trifft auch für die Präsentation von Märchen im Kindergarten zu.

Die Märchenstunde

Der folgende Vorschlag zur Präsentation der Märchen bezieht sich auf eine Umsetzung in der Gruppe der „älteren Kindergartenkinder" (damit ist die Gruppe der fünf- und sechsjährigen Kinder gemeint). Im Rahmen eines differenzierenden Angebotes sollen hier das Erzählen des jeweiligen Märchens mit anschließenden naturwissenschaftlichen oder auch anderen bildungsrelevanten Themen über einen Zeitraum von mehreren Wochen, quasi als „Projekt" verknüpft werden. Dabei wird die „Märchenstunde" möglichst zweimal pro Woche durchgeführt.
Einstieg ist jeweils die Präsentation des Märchens in geeigneter Umgebung um einen intensiven Dialog zwischen Erzähler und Zuhörerschaft herstellen zu können. Im Anschluss daran können verschiedene Aktivitäten folgen (siehe Vorschläge in den folgenden Kapiteln).

[3] Smeets, Friederike, in: Diergarten, Anne/Smeets, Friederike, Komm, ich erzähl dir was, 4. Auflage, München, Kösel Verlag, 1987, S. 187.

Für ihre eigene Vorbereitung auf die Märchenstunde sollte die Erzieherin im Vorfeld Folgendes beachten:[4]

- Das entsprechende Märchen sollte bekannt sein und auch für die Erzieherin einen „inneren Zugang" ermöglichen.
- Am besten hat die Erzieherin es sich mehrfach, auch laut, selber vorgelesen. Dadurch ist es ihr möglich, den Klang der Wörter zu erspüren, die Melodie der Sprache herauszuhören und zu entscheiden, in welcher Tonlage bestimmte Textstellen vorgetragen werden sollen (was erzähle ich neutral, was eher spannungsgeladen ...).
- Der Aufbau des Märchens, d. h., die Handlungsfolge, die Personen und Sinnabschnitte im Märchen sollten markiert, mit Spannungsbögen versehen und durch Pausen getrennt werden.
- Anschließend ist der Text so verinnerlicht, dass er auch ohne Buchvorlage vorgetragen werden könnte.
- Das Erzählen des Märchens sollte im Vorfeld geübt werden (Veränderung der Stimmlage, Pausen, wichtige Stellen wiederholen, etc.), damit die Erzieherin sich auf die Zuhörerschaft konzentrieren und einen Blickkontakt aufbauen und halten kann.
- Ebenfalls im Vorfeld ist es notwendig sich darüber Gedanken zu machen, welche erklärenden Zusatzinformationen unter Umständen notwendig sein könnten.

Erzählen des Märchens in der Märchenstunde:

- Die Kinder werden auf die Erzählsituation vorbereitet. Die Atmosphäre lässt ein gemütliches Zuhören zu, Störungen werden ausgeschaltet.
- Das Märchen wird vorgelesen/erzählt.
- Die Kinder geben (verbale und nonverbale) Signale für notwendige Pausen. Sie dürfen auch während des Erzählens Fragen und Ergänzungen einbringen.
- Das Märchen dient nicht als Pausenfüller. Nach dem Erzählen ist daher immer genügend Zeit für Kommentare, Bemerkungen und Ruhepausen einzuplanen.
- Im Verlauf der Märchenstunden wird das Märchen mehr als nur einmal erzählt. Auch die Kinder werden dazu angeregt, das Märchen zu erzählen.

[4] Vgl. Becker-Textor, Märchenerzählen im Kindergarten, http://www.kindergartenpaedagogik.de/490html (27.7.2006);
Smeets, Friederike, in: Diergarten, Anne/Smeets, Friederike, Komm, ich erzähl dir was, 4. Auflage, München, Kösel Verlag, 1987, S. 187.

1 Die Reise der kleinen Sonne

1.1 Anliegen des Märchens

Die kleine Sonne war sehr wissbegierig. Sie wollte alles über das Universum erfahren und da ihr großer Bruder ihr keine Antworten geben konnte, machte sie sich auf Reisen in unbekannte Weiten. Sie traf einen planetarischen Nebel, einen schläfrigen weißen Stern und einen braunen Zwerg, dem sie zum Leuchten verhalf. Sie gelangte auch zu einer großen Sonne, die von vielen Planeten umkreist wurde. Die große Sonne erzählte der kleinen Sonne von der Verantwortung, die sie für ihre Planeten hat und von den kostbarsten Planeten, auf denen Lebewesen wohnen. Auch sie war für so einen kostbaren Planeten verantwortlich. Die kleine Sonne half auch einem einsamen Kometen seine begehrte Kometin zu treffen. Schließlich führte ihre Neugierde die kleine Sonne immer weiter, bis zu einem hellen Licht. Doch als sie dieses helle Licht endlich erreichte, geriet sie in große Gefahr. Ein schwarzes Loch hätte sie fast verschluckt, wenn ihr nicht im letzten Moment ihr großer Bruder zu Hilfe gekommen wäre.

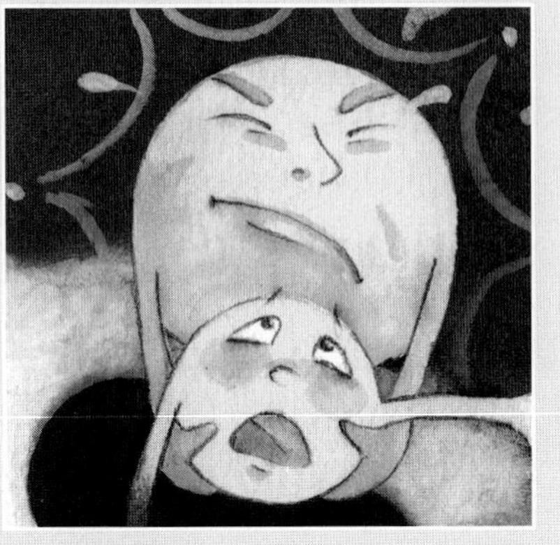

Abb. 1 Der große Bruder rettet die kleine Sonne.

In dem Märchen „Die Reise der kleinen Sonne" begleiten die Kinder die kleine Sonne in die Weiten des Universums und lernen so dessen „Bewohner" kennen. Sie erfahren etwas über ihre verschiedenen Eigenschaften, Farben, Temperaturen und Beschaffenheiten.

Neben den naturwissenschaftlichen Aspekten setzt sich das Märchen mit weiteren Themen auseinander, die für Kinder von großer Bedeutung sind: das Abschiednehmen von Vertrautem, sich selbst auf den Weg zu begeben und sich damit auch zeitweilig mit Gefahren auseinandersetzen zu müssen. Ein weiterer Aspekt beschäftigt sich mit der Werteorientierung und dem ethischen Handeln. Der Hinweis im Märchen auf unseren Planeten, die Erde, kann erstes Philosophieren mit Kindern einleiten.

1.2 Einstieg in das Thema

Die Märchenstunde

Die Erzieherin hat das Märchen von der kleinen Sonne vorbereitet. Sie kennt es so gut, dass sie es den Kindern sicher vorlesen, beziehungsweise ohne Textvorlage erzählen kann. Die dem Märchen beigefügten Erklärungen zum Universum sind der Erzieherin ebenfalls bekannt, sodass sie sie gegebenenfalls auf Nachfragen der Kinder für nähere Erläuterungen nutzen kann.

Die Kindergruppe trifft sich zur „Märchenstunde". Die Erzieherin bittet die Kinder zunächst, sich einen gemütlichen Platz zu suchen, von dem aus sie die Erzieherin gut sehen können. Unter Umständen ist der Raum etwas abgedunkelt, Kerzen sind angezündet oder indirektes Licht dient zur Beleuchtung.

Zum Einstieg zeigt sie den Kindern die Bilderbuchseite, auf der die zwei Sonnen (kleine Sonne und großer Bruder) zu sehen sind. Bevor sie damit beginnt das Märchen von der kleinen Sonne zu erzählen, stellt sie gemeinsam mit den

Kindern Vermutungen darüber an, was wohl im Märchen passieren wird. Falls einige Kinder darauf kommen, dass die kleine Sonne vielleicht weggehen möchte, bestätigt sie die Überlegungen der Kinder, indem sie ihnen den Titel verrät.

Mit Unterstützung der Bilder erzählt die Erzieherin den Kindern dann das Märchen von der kleinen Sonne. Je nachdem wie viel Zeit für die Märchenstunde zur Verfügung steht und wie hoch die Konzentrationsfähigkeit der Kinder ist, ist es auch möglich, zunächst nur die Hälfte des Märchens (Bild 3 im Märchen) zu erzählen und den Schluss am folgenden Tag zu berichten. Generell ist darauf zu achten, dass den Kindern im Anschluss an das Märchen genügend Zeit für eigene Kommentare oder auch weitere Fragen bleibt.

In weiteren Märchenstunden können dann die Einzelkapitel des Märchens, wie z. B. der Abschied der kleinen Sonne vom großen Bruder, getrennt bearbeitet werden.

1.3 Umsetzung des Märchens

1.3.1 Naturwissenschaften

Was lernen die Kinder dabei? Aspekte naturwissenschaftlicher Bildung

Astronomie und Physik gehören zu den ältesten Wissenschaften der Menschheit und sowohl Erwachsene als auch Kinder können sich von den Beobachtungen am Himmel bei Tag (Sonnenaufgang und Sonnenuntergang) und bei Nacht (Mond und Sterne) faszinieren lassen.

Das Märchen von der kleinen Sonne lädt dazu ein, sich u. a. mit astronomischen Ereignissen auseinanderzusetzen. Die Beschäftigung mit der Astronomie erfordert allerdings großes Abstraktionsvermögen. Daher ist es wichtig, den Kindern zunächst bekannte Phänomene bewusst zu machen, um dann weiterführend Neugierde für neue Eindrücke und Perspektiven zu wecken. Erste Einblicke in astronomische Zusammenhänge werden durch einfache Versuche aus der Physik ermöglicht.

Darüber hinaus ist die naturwissenschaftliche Bearbeitung des Themas fast unerschöpflich, sodass auch weitere Teilprojekte zusammen mit den Kindern erforscht werden können. Neben dem Erfassen, wie mächtig und unendlich groß unser Sonnensystem ist, bieten sich inhaltliche Themen, wie etwa die Auseinandersetzung mit Licht und Schatten, die Zusammensetzung der Farben oder ein näherer Blick auf den Planeten Erde, an.

Lernziele:

- erste Einblicke in die Vielfalt des Universums erhalten;
- einen Zusammenhang zwischen den Bewegungen von Sonne und Erde und den Erscheinungen von Tag und Nacht erkennen;
- naturwissenschaftliche Experimente mit Unterstützung durchführen können;
- Versuchsergebnisse in einem „Forscherbuch“ dokumentieren können.

Anfertigung eines Modells unseres Sonnensystems

Anhand von Bildern aus Fachbüchern werden gemeinsam mit den Kindern die einzelnen Planeten aus Pappmaschee in der ungefähren Größe gefertigt, „wirklichkeitsgetreu" bemalt und mit ihrem Namen gekennzeichnet (Merkur, Venus, Erde, Mars, Jupiter, Saturn, Uranus und Neptun). Der korrekte Maßstab der einzelnen Planeten zueinander und in Beziehung zur Sonne ist nicht einzuhalten, da die Entfernungen zu groß sind, um auf ein Modell übertragen zu werden (unsere Sonne ist eine Million Mal größer als unsere Erde und sie ist noch ein verhältnismäßig kleiner Himmelskörper im Weltall), allerdings sollen im Modell die ungefähren Größen- und Entfernungsverhältnisse der Planeten untereinander dargestellt werden. Das so entstandene Modell kann nun als Mobile entweder im Differenzierungsraum oder im Gruppenraum aufgehängt werden.

Material
Luftballons, Kleister, Zeitungspapier, Pinsel, Farben, Aufhängevorrichtung für ein Mobile.

Tipp
Der Besuch eines Planetariums zeigt eindrucksvoll und in wissenschaftlich korrekter Form unser Sonnensystem. In einer Sternwarte kann das Firmament durch ein Teleskop betrachtet werden.

Die Sonne als Lichtspender

Die Sonne ist ein riesiger Feuerball, der uns auch aus weiter Entfernung noch wärmt. Ihre Strahlung ist so stark, dass wir nicht ins Sonnenlicht blicken dürfen. Wenn man ein Feuer mit Grillkohle entfacht, lassen sich zumindest ein wenig die Hitze und die Glut der Sonne begreifen. Je näher wir am Feuer stehen, desto wärmer ist es, je weiter wir davon entfernt stehen, desto kälter wird es. Das gleiche gilt auch für die Planeten. Aber was wissen wir und was erleben wir täglich von der Beziehung der Erde zur Sonne? Sie beeinflusst Tag und Nacht und auch die Jahreszeiten hängen von ihr ab.

■ Experimentierreihe Licht und Schatten

Warum entstehen Schatten?
Licht breitet sich immer geradlinig aus. Trifft es auf ein Objekt das dem Licht den Weg versperrt, entsteht ein Schatten. Nur undurchdringliche Gegenstände werfen Schatten, weil sie das Licht blockieren. Es gibt auch Materialien, die das Licht hindurchlassen, sie sind lichtdurchlässig.

▶ Versuch 1 – Warum gibt es Tag und Nacht?
Zunächst stellt die Erzieherin fest, inwieweit den Kindern schon die Ursachen für Tag und Nacht bekannt sind. Anschließend wird der Versuch durchgeführt: Ein Kind spielt die Erde. Die Sonne wird durch eine große Taschenlampe dargestellt. Das Kind dreht sich im Uhrzeigersinn vor der Taschenlampe um sich selbst. Alle sehen: Einmal wird der Bauch und einmal wird der Rücken beleuchtet. Damit wird die Drehung der Erde um sich selbst vor der Sonne als Ursache für Tag und Nacht erkennbar.

Tipp
Es ist spannend, sich den Globus anzuschauen (hier wird klar, warum unsere Erde auch blauer Planet genannt wird). Bei der Betrachtung des Globus können die Kinder erfahren, dass Tag und Nacht jeweils unterschiedlich auf dem Erdball erscheinen – wenn es bei uns Tag ist, wo ist dann Nacht (und umgekehrt)? Ein erstes Wissen über die Bedeutung von Zeitzonen kann so ebenfalls vermittelt werden.

Abb. 2 „Einmal bist du auf dem Ballon beleuchtet, einmal deine Freunde."

Zur Festigung wird ein Modell gebaut: Als Erde dient ein aufgeblasener Luftballon. Zu seinem Halt wird eine Toilettenpapierrolle zickzack eingeschnitten. Die Zacken werden nach außen gebogen und am Luftballon festgeklebt. Dann wird ein Papierstreifen waagerecht auf den Ballon geklebt, auf den die Kinder sich und einige Freunde gemalt haben. Das Drehen der Erde im abgedunkelten Raum wird wiederholt, die Kinder erkennen: „Einmal bist du auf dem Ballon beleuchtet, einmal deine Freunde."

▶ **Versuch 2 – Schattenspiele**

Schattenspiele wie z. B. Schattenfangen oder den Schatten eines Kindes mit Kreide auf die Steine im Außengelände zu zeichnen geben den Kindern die Möglichkeit, ihr Verständnis über den Zusammenhang von Lichteinwirkung und festen Körpern zu festigen. Auch können unterschiedliche Gegenstände im verdunkelten Raum von einer Taschenlampe (der Sonne) beleuchtet werden. Wie verändert sich der Schatten je nach Stellung des Lichteinfalls? Gleicht der Schatten immer dem beleuchteten Objekt? Wie sieht der Schatten eines durchsichtigen Glases aus?
Verschiedene Gegenstände wie ein Buch, eine Tasse, ein Glas Wasser, Seidenpapier etc. werden vor einer Wand von der Taschenlampe beleuchtet. Hinter dem Buch und der Tasse erscheint ein Schatten, hinter dem Glas wird die Wand erhellt.

> **! Tipp**
> Mit den Händen kann man im Schein einer Taschenlampe oder dem Licht eines Diaprojektors lustige Figuren kreieren. Die Geschichte der kleinen Sonne kann mit selbst gebastelten Figuren im Schattentheater nachgespielt werden.

> **▶ Personale Kompetenzen**
> Unangenehme Situationen erkennen und aktiv bewältigen: Licht und Schatten sind ein Thema, das auch mit Angst besetzt sein kann. Wer kennt nicht die Jacke am Haken, die bei Dunkelheit zum Monster wird. Man beleuchtet im verdunkelten Raum verschiedene Kleidungsstücke oder Stofftiere und beschreibt ihre veränderten Erscheinungsformen.

▶ **Versuch 3 – Zeitmessung mit der Sonnenuhr**

In eine Garnrolle wird ein dicker Stift mit der Spitze nach oben gesteckt. Das Ganze wird auf einen Karton geklebt und auf ein sonniges Fensterbrett gestellt. Die so entstandene Sonnenuhr wird mit der „richtigen" Uhr verglichen. Der Stand des Schattens wird zu jeder vollen Stunde markiert. So kann man am darauf folgenden Tag die Zeit ablesen.
Hinweis: Dieser Versuch sollte vorher getestet werden, da nur dickere Stifte Schatten werfen.

▶ **Versuch 4 – Langzeitversuch zur Zeitmessung**

Die Beobachtung des Sonnenlaufs erfordert viel Geduld und Ausdauer. Im Kindergarten wird ein Platz gewählt, der den ganzen Tag von der Sonne beschienen wird. Auf dem Boden wird eine Windrose gezeichnet, die den Kindern die Himmelsrichtungen verdeutlicht. In deren Mitte wird ein etwa 1 m langer, dicker Stab aufgestellt. Nun wird der Sonnen- bzw. Schattenstand am Morgen, Mittag und Nachmittag auf dem Boden dokumentiert. Die Kinder können so beobachten, dass die Sonne immer im Osten auf- und im Westen untergeht. „Langzeitforscher" können auch die Unterschiede in den vier Jahreszeiten beobachten.

Ohne Licht gibt es keine Farben

Das Licht sieht weiß aus, es besteht aber aus den sieben Farben des Regenbogens. Die Mischung der sieben Farben ergibt in der schnellen Drehung eines Kreisels wieder die eine Farbe, nämlich weiß.

■ Experimentierreihe Licht und Farbe

▶ **Versuch 1 – Mischen von Farben im Licht**

Eine grüne und eine rote Plastikfolie werden über zwei Taschenlampen mit einem Gummiband befestigt. Richtet man die beiden Strahlen sich überlappend auf einen weißen Karton, erscheint dort die Farbe gelb. Durch Mischen der Farben im Licht entstehen neue Farben.

> **▶ Mischen von Wasserfarben**
> Fast alle Malfarben lassen sich aus rot, gelb und blau mischen, man nennt diese drei Grundfarben auch Primärfarben.

▶ Versuch 2 – Die Farbe Weiß

So wie man durch verschiedene Mischungen neue Farben erhalten kann, so ergeben alle Farben zusammen weiß.
Aus weißem Karton werden 10 cm große Kreise ausgeschnitten, diese werden in Hälften, Viertel und Achtel unterteilt und mit verschiedenen Farben (rot, blau, lila, gelb, grün) ausgemalt. Man steckt einen gespitzten Stift durch den Mittelpunkt des Kreises und schon ist ein Kreisel fertig. Beim Drehen des Kreisels sieht man nur die Farbe weiß.

▶ Versuch 3 – Die Farbe Schwarz

Nachts oder im Dunkeln lassen sich Farben kaum erkennen. Auch wenn man durch einen dunklen Tunnel fährt wird das starke Scheinwerferlicht eines Autos von den schwarzen Wänden „verschluckt".
Die Farbe schwarz zieht aber auch Wärme an: Zwei Gefäße werden mit Wasser gefüllt, ein Behältnis wird mit einem schwarzen, das andere mit einem weißen Tuch abgedeckt. Beide Gefäße stellt man mehrere Stunden an die Sonne. Zu Beginn und am Ende wird die Temperatur gemessen. Unter dem schwarzen Tuch ist sie wesentlich höher.

Hinweis

Manchmal ist es aus Sicherheitsgründen wichtig, dass man in der Nacht gesehen wird (Radfahrer), darum sollte man nie dunkle Kleidung tragen und einen Reflektor am Rad befestigen.

Spielidee

Experimente mit Schwarzlicht (Neonröhren gibt es z. B. im Elektrohandel) ermöglichen spannende Effekte.

▶ Versuch 4 – Die Himmelsfarben

Ausgangsfrage für diesen Versuch ist, warum der Himmel blau und die Sonne bei Sonnenaufgang und -untergang manchmal rot ist.
Man füllt ein Glas mit Wasser und gibt einen Löffel Trockenmilch hinein (nicht verrühren). Wenn man mit einer Taschenlampe von oben auf das Wasser leuchtet dann erscheint es bläulich, von hinten durch das Wasserglas geleuchtet ergibt sich eine rötliche Färbung.

Warum ist das so?
Unsere Erde ist von einer durchsichtigen Lufthülle, der Atmosphäre, umgeben. In dieser schweben unzählige kleine Teilchen. Trifft das Sonnenlicht darauf, wird das Licht mehr oder weniger gestreut. Am Morgen und am Abend steht die Sonne niedrig. Deshalb müssen die Sonnenstrahlen einen längeren Weg durch die Lufthülle zurücklegen. Auf diesem Weg wird das rote Licht so sehr gestreut, dass die Sonne rot erscheint. Die Farbe hat also mit dem zurückgelegten Weg zu tun. In der Mittagszeit steht die Sonne hoch am Horizont, ihr Weg durch die Atmosphäre ist kurz. Das blaue Licht wird am leichtesten gestreut und der Himmel erscheint dadurch blau. Darum sieht auch das Wasser im Glas bläulich aus, wenn es von oben bestrahlt wird.

Sterne als Orientierungspunkte

Schon im frühen Altertum wählten die Menschen Sterne am Himmel zur Orientierung. Manche dieser Sterne schienen Figuren zu bilden. Diese Figuren werden Sternbilder genannt, z. B. Orion, Fuhrmann, Andromeda oder Widder. Viele Mythen und Geschichten rankten sich um diese Sternbilder.
In Wirklichkeit gehören die Sterne eines Sternbildes nicht zusammen, denn sie sind oft sehr weit voneinander entfernt. Die bekanntesten Sternbilder sind die der zwölf Tierkreiszeichen.

Bekannt ist auch der Große Wagen (Großer Bär), der aus sieben Sternen besteht, drei davon bilden die Deichsel. Verlängert man die Rückwand des Wagens um das Fünffache, so gelangt man zum Polarstern, der genau im Norden steht. Er ist der einzige Stern, der seine Position am Himmel nicht verändert. Der Polarstern ist auch der erste Stern im Sternbild des Kleinen Wagen (Kleiner Bär). Alle anderen Sterne scheinen um ihn zu kreisen. Großer und Kleiner Wagen drehen sich Nacht für Nacht entgegen des Uhrzeigersinns um den Polarstern.

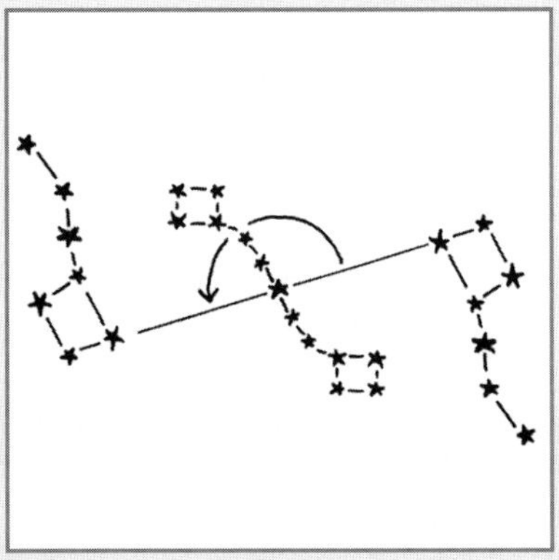

Abb. 3 Der Große und der Kleine Wagen umkreisen den Polarstern

Geburtstagskalender mit Tierkreiszeichen

Ein Jahreskreis wird auf ein großes Blatt Papier gezeichnet und in zwölf Segmente aufgeteilt, die die einzelnen Monate darstellen. Um den Jahreskreis herum wird ein weiterer Kreis gezogen, in den entsprechend in zwölf Abschnitte die Tierkreiszeichen eingetragen werden. Die Namen oder Fotos der Kinder werden nach ihrem Geburtstag in das jeweilige Feld aufgenommen.

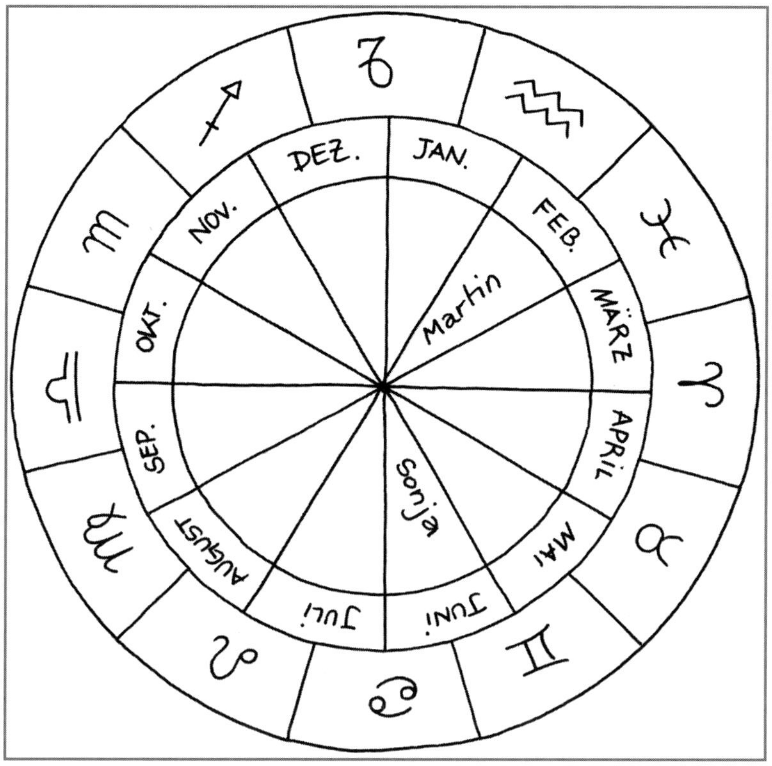

Abb. 4 Geburtstagskalender mit Tierkreiszeichen

1.3.2 Mathematik

Was lernen die Kinder dabei? Aspekte mathematischer Bildung

Mathematik ist eine Alltagskompetenz, ohne die wir nicht auskommen. Sie weist enge Verbindungen zu vielen anderen Erziehungs- und Bildungsbereichen auf. Naturwissenschaftliche Experimente erfordern exaktes Arbeiten. Es muss gemessen, gewogen, in Position gebracht werden, der Zeitfaktor spielt eine Rolle und zuweilen müssen geometrische Figuren gezeichnet oder mathematische Rechenschritte vollzogen werden.

Mathematische Begriffe wie „gerade", „gekrümmt", „rund", „das Fünffache", „überschneiden" usw. geben auch schon Kindergartenkindern einen ersten Einblick in die begriffliche Welt der Mathematik, wenn sie entsprechend handlungsorientiert vermittelt werden.

Praxisbeispiele

Die nachfolgenden Praxisbeispiele beziehen sich auf die bereits erwähnten Versuche zur naturwissenschaftlichen Bildung. Im Folgenden wird auf den jeweils mathematischen Anteil hingewiesen.

- **Versuch – Schatten (siehe S. 13)**
  Verschiedene Gegenstände werden beleuchtet, es muss der genaue Vergleich von Objekt und Schatten sowie dessen Position beobachtet werden. Größere Kinder können die Position des Schattens auch auf ein Papier zeichnen.

- **Versuch – Sonnenuhr (siehe S. 13)**
  Der Lauf der Sonne wird dokumentiert, die Wanderung des Schattens wird stündlich gemessen und mit der Uhr verglichen.

- **Versuch – Farbkreisel (siehe S. 14)**
  Die geometrische Figur des Kreises wird eingeführt. An einen Faden wird ein kleiner Nagel gebunden, der in ein Blatt Papier gepiekst wird. In 10 cm Abstand wird der Faden mit einem spitzen Bleistift versehen. Der Bleistift wird im Abstand des Fadens um den Nagel gezogen (Zirkelprinzip). Der so entstandene Kreis wird halbiert, geviertelt und geachtelt.

! Tipp
Vielleicht probiert man es zuerst mit einer Pizza, die schmeckt und gibt Energie zum Lernen.

1.3.3 Bewegung

Was lernen die Kinder dabei? Bildungsaspekte der Bewegungserziehung

Bewegungserziehung kann die Beschäftigung mit den Naturwissenschaften zu einem fantasievollen Erleben werden lassen. In der Turnstunde ist es möglich, Geschichten und Sachverhalte in Bewegung umzusetzen. Viele physikalische Gesetzesmäßigkeiten können in der Bewegungserziehung ausprobiert werden, z. B. „Wie fühlt sich Fliehkraft an?" Am Besten kann man das beim Drehen um die eigene Achse erleben. Beim Erleben von Bewegung und Musik kann das Kind sich mit allen Sinnen spielerisch entfalten.

Bewegung ist auch immer die Erfahrung des eigenen Ichs, sie vermittelt Selbstvertrauen und verleiht Stärke, setzt aber auch Grenzen. Es bedeutet, sich an Raum und Zeit zu orientieren und in partnerschaftlichem Miteinander das Ziel zu erreichen.

Praxisbeispiele

Turnstunde: „Die Reise der kleinen Sonne"

Die Reise der kleinen Sonne soll als Reiseroute mit verschiedenen Stationen aufgebaut werden. Die Kinder sitzen im Kreis und halten sich an den Händen. Es sind lauter kleine Sonnen, die nun aufstehen, sich räkeln und ihre Arme wie Strahlen in den Himmel recken. Nach Musik bewegen sie sich durch den Raum, anfangs etwas zögerlich, dann aber immer forscher und selbstbewusster. Zu Beginn steht die Begegnung mit dem planetarischen Nebel. Jedes Kind erhält ein buntes Tuch oder einen langen Stoffstreifen, den es wie einen Schweif bewegt. Die Kinder stehen dabei auf engem Raum, ohne sich zu berühren. Und weiter geht die Reise zum braunen Zwerg, der durch Reifen symbolisiert wird. Dieser wird behutsam durch den Turnraum gerollt. Weiter auf der Reise erreichen sie die wunderschöne Erde. Ein großer Ball wird umtanzt, aufgehoben und von Kind zu Kind weitergegeben. Die Erde wird mit blauen Tüchern für die Meere und grünen Tüchern für das Land geschmückt. Die Kinder verabschieden sich von der Erde und setzen ihre Reise fort. Doch da zieht sie etwas an. Von vier bis sechs Kindern wird ein Riesenschwungtuch auf und ab geschwenkt, es scheint die Kinder unter sich verbergen zu wollen. Nacheinander verschwinden die Kinder unter dem Tuch, das wie ein Wellenmeer über ihnen wogt. Doch bevor es sie verschluckt, wird es von der Erzieherin weggenommen und alle Kinder sind frei.

1.3.4 Sprache, Kommunikation und Literacy

Was lernen die Kinder dabei? Bildungsaspekte der Spracherziehung

Das Märchen von der kleinen Sonne entführt die Kinder in unser Universum und damit in eine Welt, die sich scheinbar von ihrer realen Welt unterscheidet. Sprachliche und kommunikative Bildungsinhalte setzen dort an, wo es um den Austausch der kleinen Sonne mit den Bewohnern des Universums geht, wo neue Begriffe vermittelt werden und insbesondere dort, wo Kinder durch die Präsentation des Märchens dazu angeregt werden, in ihrer Fantasie Bilder entstehen zu lassen, die sie im Austausch mit anderen in Worte zu fassen lernen.

Praxisbeispiele

Verarbeitung des Märchens

Im Anschluss an das Erzählen des Märchens in der Märchenstunde können die verschiedenen Begriffe, die im Märchen vorkamen („Universum", „Sonne", „Nebel", „brauner Zwerg" etc.), näher betrachtet werden. Dafür ist es hilfreich, gemeinsam mit den Kindern folgende Punkte durchzugehen:

- Welche Begriffe sind bekannt?
- Wer kann sie erklären?
- Welche Begriffe sind ganz fremd?

Zur Unterstützung der Begriffsklärungen können die Erläuterungen am Ende des Märchens herangezogen werden.

Die Kinder werden dazu ermuntert, ihr „inneres Bild" von den besprochenen Begriffen in ihr Forschertagebuch zu zeichnen.

Außerdem können mit den Kindern im Sinne eines Teekesselchen-Spiels die verschiedenen Begriffe durch Umschreibungen erraten werden.

Fantasiereise zu den Sternen

Während des Stuhlkreises fordert die Erzieherin nun die Kinder auf, sich ganz bequem auf den Stuhl zu setzen und die Augen zu schließen. Alternativ dazu können die Kinder im Turnraum eine bequeme Liegeposition suchen und die Augen schließen.

> **Tipp**
> Bei meditativen Übungen ist es wichtig, mit den Kindern einfache Elemente des autogenen Trainings einzuüben: tiefes Atmen, sich von außen nicht ablenken lassen und eine bequeme Sitzhaltung (Kutschersitz) einnehmen oder eine bequeme Liegeposition finden.

Eine imaginäre Reise ins Weltall steht bevor. Mit Summen und Prusten wird das Raumschiff gestartet, immer lauter werden die Geräusche, bis das Raumschiff abhebt und nach kurzer Zeit ganz lautlos im All schwebt. Nun kann man sich die Sterne und Planeten genau anschauen. Die entdeckten Dinge werden in einen Gedankenkoffer gepackt und wieder mit auf die Erde gebracht. Dort werden die Erlebnisse ausgetauscht und Begegnungen im All mit Kometen, Galaxien oder Meteoriten dokumentiert.

1.3.5 Soziales Lernen

Was lernen die Kinder dabei? Bildungsaspekte der Sozialerziehung

Wie eingangs erwähnt (vgl. 1.1) setzt sich das Märchen von der kleinen Sonne neben den naturwissenschaftlichen Anteilen mit Themen auseinander, die für Kinder von großer Bedeutung sind, z. B. das Abschiednehmen von Vertrautem, sich selbst auf den Weg zu begeben und sich damit auch zeitweilig mit „Gefahren" auseinandersetzen zu müssen. Dieser Themenbereich kann auch unter der Überschrift „Entwicklung von Resilienz" zusammengefasst werden. Wie bewältigen Kinder Umbrüche, die mit Veränderungen einhergehen? Was macht Kinder stark, lässt sie auch in Krisensituationen nicht zusammenbrechen, sondern sich eher neugierig neuen Situationen zuwenden?

Stichwort „Übergangsbewältigung"
Ob vom Elternhaus in den Kindergarten oder auch vom Kindergarten in die Schule – Kinder erleben Übergänge, zeigen unter Umständen Ängste, aber wachsen auch daran. Übergänge sind dadurch gekennzeichnet, dass es u. a. darum geht, Abschied zu nehmen, Vertrautes zu verlassen und sich mit neuen Inhalten auseinander zu setzen. Je mehr Kinder bereits Vertrauen in die eigenen Fähigkeiten und Fertigkeiten entwickeln konnten und je sicherer sie sich einer Bezugsperson sein können, die sie in veränderten Situationen begleitet und auffängt, umso deutlicher wird das Autonomieerleben und die Selbstwirksamkeit des eigenen Handelns bestätigt.

Praxisbeispiele

Das Märchen „Die Reise der kleinen Sonne" kann als Ganzes oder in ihren Einzelteilen aufbereitet werden.
Thematische Bereiche sind u. a.:

Abschied: Das Weggehen vom großen Bruder (Übergangsbewältigung vom Kindergarten in die Schule).

Achtung und Unterstützung von Anderen: Begegnungen mit Fremden im All, die neue Erfahrungen mit sich bringen, sei es durch ein Hilfsangebot an den braunen Zwerg oder das Teilen von Glück bei den sich findenden Kometen.

Bewusstes Handeln: Das schwarze Loch wird von der kleinen Sonne als Gefahrenquelle erkannt (die Kinder lernen, sich Situationen bewusst zu stellen und diese zu bewältigen).

1.3.6 Werteorientierung und ethisches Handeln

Was lernen die Kinder dabei? Bildungsaspekte der Werteorientierung

Durch die Begegnung der kleinen Sonne mit der Sonne, die von so vielen Planeten umkreist wird, wird der Bereich Verantwortung thematisiert. In dem Märchen erweist sich ein Planet, unsere Erde, als besonders kostbar und beschützenswert. Im Rahmen eines ersten Philosophierens mit Kindern kann den Fragen nach Achtung, Ehrfurcht und auch Verantwortung für den Planeten, auf dem wir leben, nachgegangen werden.

Bildmeditation mit anschließendem Malen

An die Wand im Gruppen- oder Differenzierungsraum kann ein Bild unseres Planeten, der Sonne, unserer Milchstraße oder des Orionnebels mit seinen faszinierenden Farben projiziert werden. Die Kinder werden angeregt, sich das Bild in Ruhe anzuschauen. Klassische Musik (z. B. „Die Schöpfung" von Haydn) unterstützt die ruhige Atmosphäre. Alle Ideen, Bemerkungen, Erklärungsversuche der Kinder haben Raum. Jeder hört jedem zu, lässt ihn ausreden und lässt die Meinung des anderen stehen. So fantastisch die Bilder sind, so dürfen es auch die Aussagen der Kinder sein. Über das Erklären des Gesehenen hinaus soll die Wirkung erfühlt und besprochen werden.

Im Anschluss dürfen die Kinder z. B. durch Nasstechnik (Papier wird angefeuchtet damit Wasserfarben auf dem Blatt verlaufen können) ihr Bild vom Universum malen.

Verantwortung übernehmen

Die kleine Sonne hilft auf ihrem Weg durchs Universum dem braunen Zwerg, ein leuchtender Stern zu werden, und sie hilft den beiden Kometen, sich zu finden. Mit den Kindern wird nun besprochen, wie sie andere Kinder unterstützen können. Die aktive Teilnahme – Partizipation am Alltagsleben der Kindertageseinrichtung – verlangt darüber hinaus, bestimmte Aufgaben zum Wohle aller zu übernehmen. Dies kann sich vom Tischdienst, über Blumengießdienst, Ordnung in den Garderoben bis zur Begleitung in der Eingewöhnungsphase neuer Kinder erstrecken.

Zum Glück ist die kleine Sonne von ihrem großen Bruder gerettet worden. Sie hat viel zu erzählen von all den Begegnungen und Erlebnissen im Weltall: von der Freude, neue Freunde gewonnen zu haben, vom Glück anderen helfen zu können und der Entdeckung von Kostbarkeiten, wie das Sonnensystem mit der Erde, dem bewohnten blauen Planeten. Auf ihrer Reise hat die kleine Sonne sich verändert. Sie ist größer geworden und sie weiß auch viel mehr. Die überstandenen Aufregungen und Gefahren haben ihr Mut und Selbstsicherheit gegeben und sie neugierig auf weitere Abenteuer werden lassen.

Abb. 5 Die kleine Sonne möchte noch viele weitere Abenteuer erleben.

2 Das graue Männlein

2.1 Anliegen des Märchens

Das graue Männlein entschließt sich, trotz schlechten Wetters einen Spaziergang zu unternehmen. Weder seine Frau noch die Kinder möchten ihn begleiten, denn es regnet und stürmt. Unbeeindruckt vom schlechten Wetter spaziert es vergnügt durch den prasselnden Regen. Da reißt ein starker Windstoß seinen Hut vom Kopf und lässt ihn auf dem Fluss davontreiben. Unverdrossen umklammert es seinen großen Schirm noch ein wenig fester, doch dies wird ihm fast zum Verhängnis. Mit großer Wucht wird das Männlein mitsamt Schirm von der nächsten Windböe erfasst und landet, in seinem „Schirmboot" sitzend, im Fluss. Ein Matrose im Rettungsboot kommt ihm zu Hilfe und setzt ihn wohlbehalten am rettenden Ufer ab. Völlig durchnässt, aber glücklich wieder gesund zu Hause zu sein, erzählt er seiner Familie sein aufregendes Abenteuer.

Abb. 6 Das graue Männlein umklammert den Schirm.

Das Märchen vom grauen Männlein nimmt die Kinder auf einen abenteuerlichen Spaziergang durch Wind, Sturm und Regen mit. Die unterschiedlichen Phänomene des Wetters, die schönen wie auch unschönen Seiten, Regen/Wasser und Wind/Luft, sowie eine spannende Bootsfahrt in einem Schirm regen die Fantasie der Kinder an. Sie lassen innere Bilder entstehen, die im weiteren Verlauf der Auseinandersetzung mit dem Märchen die Grundlage für eine spielerische Annäherung an naturwissenschaftliche Inhalte ermöglichen.

Im zweiten Teil des Märchens geht es um den Mut, anderen zu helfen und um die tapfere Rettung des Männleins aus dem Fluss. Auch hier bieten sich viele Anknüpfungspunkte an eigene Erfahrungen der Kinder. Dies ermöglicht den Zugang zu weiteren Bildungsinhalten, wie z. B. soziales Lernen oder Sprache und Kommunikation.

2.2 Einstieg in das Thema

Die Märchenstunde

Die Erzieherin hat das Märchen vom grauen Männlein vorbereitet. Sie kennt es so gut, dass sie es den Kindern sicher vorlesen, beziehungsweise ohne Textvorlage erzählen kann. Die dem Märchen beigefügten Erklärungen sind der Erzieherin ebenfalls bekannt, sodass sie sie gegebenenfalls für nähere Erläuterungen nutzen kann.

Die Kindergruppe trifft sich zur „Märchenstunde". Die Erzieherin bittet die Kinder zunächst, sich einen gemütlichen Platz zu suchen, von dem aus sie die Erzieherin gut sehen können.

Zum Einstieg zeigt sie den Kindern die Bilderbuchseite, auf der das Männlein mit dem Regenschirm über die Brücke fliegt. Sie lässt die Kinder Vermutungen darüber anstellen, was wohl vorher passiert sein könnte. Die Erzieherin eröffnet das Märchen, indem sie den Kindern sagt, dass sie die Geschichte von dem Männlein kennt und sie nun den Kindern erzählen möchte. Während des Erzählens macht sie kleine Pausen, um die Spannung zu erhöhen. An der Stelle angekommen, an der das Männlein im Schirmboot auf dem Wasser sitzt, fragt sie die Kinder, wie das Märchen wohl weitergehen könnte.

Je nachdem, wie viel Zeit bis zu diesem Punkt vergangen ist, können die Vermutungen der Kinder den Abschluss der Märchenstunde bilden (das Ende des Märchens wird dann am folgenden Tag in der Märchenstunde erzählt) oder sie sind der Ausgangspunkt für die Präsentation des zweiten Bildes, auf dem sowohl die ratlosen Menschen am Ufer als auch das Rettungsboot mit dem Matrosen zu sehen sind. Mit dem Bild vor Augen wird das Ende des Märchens erzählt.

Zur weiteren Arbeit mit dem Märchen ist es wichtig, zunächst den Gefühlen und Gedanken der Kinder Platz zu lassen, bevor auf weitere inhaltliche Themen eingegangen wird.

Fragen und Aussagen der Kinder werden aufgegriffen, gegebenenfalls sind Erklärungen notwendig. Dabei gibt die Erzieherin die Fragen der Kinder zunächst an die Kindergruppe zurück, bevor sie selbst Antworten gibt.

Je nachdem, welche Inhalte durch die Fragen oder Bemerkungen der Kinder angesprochen werden, kann die Erzieherin den Gesprächskreis durch weitere Fragen ergänzen:

- Was hat euch an dem Märchen gefallen? Warum hat es euch gefallen?
- Was hat euch nicht gefallen?
- Wart ihr auch schon bei Wind und Regen im Freien?
- Hat euch schon mal der Wind den Schirm herumgedreht?
- Welches Wetter haben wir gerade?
- Was ist euer Lieblingswetter?
- Wisst ihr, was alles zum Wetter gehört?

Die weiteren „Märchenstunden" befassen sich mit der thematischen Bearbeitung des Märchens unter verschiedenen Bildungsaspekten.

2.3 Umsetzung des Märchens

2.3.1 Naturwissenschaften

Was lernen die Kinder dabei? Aspekte naturwissenschaftlicher Bildung

Wetter ist ein Naturphänomen, das die Kinder täglich beobachten und mit allen Sinnen bewusst wahrnehmen können. Es bestimmt unseren Alltag in vielfacher Weise. Die Kleidung muss entsprechend gewählt werden, unsere Stimmungen richten sich manchmal nach dem Wetter und viele Freizeitbeschäftigungen sind vom Wetter abhängig. Auch die Jahreszeiten sind mit spezifischen Wettererscheinungen verbunden.

In der Auseinandersetzung mit dem Wetter lernen die Kinder verschiedene „Forschermethoden" kennen: sie müssen genau beobachten, sie brauchen Geduld, wenn sie sich mit den verschiedenen Experimenten auseinandersetzen und sie werden angeregt, Vermutungen darüber zu äußern, was wohl beim Ausprobieren der Experimente passieren könnte.

Diese Vermutungen können sowohl durch das direkte Handeln in den Experimenten, als auch durch erste „Literaturrecherchen", unterstützt durch einen Erwachsenen, zu Wahrheiten werden, die dann Einzug in das kindliche Wissen halten.

Wenn wir uns in den Bereich der Naturwissenschaften begeben, erfordert das immer eine ganzheitliche Vorgehensweise: Regen und Wind werden taktil erspürt, Wasser wird in seinen verschiedenen Erscheinungsformen (Aggregatzuständen) erforscht, das Rauschen und Plätschern von Wasser wird akustisch oder über den Geruchssinn wahrgenommen.

Bei der Auseinandersetzung mit dem Thema Wetter können Erlebnisse im Freien daher durch nichts ersetzt werden. Wie sich Wind wirklich anfühlt, was er alles bewirken kann und aus welcher Richtung er weht, oder wie sich Regentropfen anfühlen, wird bei Unternehmungen hautnah erfahren. Durch regelmäßige Aufenthalte in der Natur an Waldtagen oder gar Waldwochen entdecken Kinder Neues, das zum Fragen und Erzählen anregt. Nur durch diesen ganzheitlichen Zugang lernen die Kinder nachhaltig.

Lernziele:

- Wirkung von Gesetzmäßigkeiten der Natur erfahren;
- erste Einblicke in technische Zusammenhänge erhalten;
- einen verantwortungsvollen und sachgerechten Umgang mit der Natur erleben und erlernen;
- naturwissenschaftliche Experimente mit Unterstützung durchführen können;
- Versuchsergebnisse in einem „Forscherbuch" dokumentieren können.

Experimente zur Naturwissenschaft

Versuchsreihe: Das Element Wasser

Woraus besteht eigentlich Regen? Wie fühlt sich Wasser an? Wo finden wir überall Wasser?
Wasser begleitet unser Leben, wir trinken es, waschen uns den Schlaf aus den Augen, gießen die Blumen und plantschen im Schwimmbad. Es versteckt sich in der Erde, in Früchten, es verwandelt sich in Eis und Schnee oder in Wasserdampf.

Tipp
Eine Wandcollage mit eigens gefertigten Bildern oder Fotos aus Zeitschriften verdeutlicht das breite Spektrum, wo es überall Wasser gibt.

■ Wasser als tragendes Element

Warum schwimmen Körper?
Auf Körper, die ins Wasser getaucht werden, wirkt der Auftrieb. Die Größe des Auftriebs entspricht dem Gewicht der Wassermenge, die der jeweilige Körper verdrängt. Wiegt die verdrängte Wassermenge weniger als der Körper, so sinkt dieser; wiegt sie mehr, so schwimmt der Körper. Große und leichte Körper schwimmen deshalb meistens, kleine und schwere sinken.

Durch Salzzusatz werden die Dichte und das Gewicht der verdrängten Wassermenge größer. Deshalb steigt z. B. das Ei in Versuch 5 an die Oberfläche.

Material für die Versuche
Große Glasschüssel oder Aquarium, verschiedene Gegenstände (Korken, Steine, Papier, Stoff, …), Knetmasse oder Plastilin, Nadel, Holzstab, Kochtopfdeckel, Salz, Ei.

▶ Versuch 1
Eine große Glasschüssel wird mit Wasser gefüllt. Vor den Kindern liegen Gegenstände wie Korken, Steine, Nussschalen, Bausteine, Stoff und so weiter. Die Kinder werden gebeten, Vermutungen darüber anzustellen, was alles schwimmt und was untergeht. Einige Gegenstände schwimmen auf der Wasseroberfläche, einige sinken schnell zu Boden, andere gehen ganz langsam unter und manche saugen sich mit Wasser voll. Die verschiedenen Dinge können nun nach ihrer Schwimmfähigkeit klassifiziert werden. Spannend wird es mit Eiswürfeln (gefrorenem Wasser). Diese schwimmen auf der Oberfläche.

- **Versuch 2**
  Ein Boot wird aus Knetmasse geformt und auf das Wasser gelegt. Was geschieht? Das Boot schwimmt.
  Anschließend kneten die Kinder aus der gleichen Menge Knetmasse eine Kugel und legen sie auf das Wasser. Was geschieht? Sie geht unter.

- **Versuch 3**
  Eine Nadel und/oder ein Kochtopfdeckel werden horizontal und vertikal auf das Wasser gelegt. In der Horizontalen schwimmen beide, in der Vertikalen gehen beide unter.

- **Versuch 4**
  Wenn man aus Plastilin ein Boot formt, taucht es wenige Millimeter in das Wasser ein (die Kinder können den Wasserspiegel messen und am Schüsselrand markieren). Wird das Boot mit kleinen Bällen, Würfeln und Steinen gefüllt, sinkt es immer tiefer ins Wasser, bis es untergeht. Der Wasserspiegel steigt währenddessen an.

- **Versuch 5**
  Für einen Versuch zur Tragfähigkeit des Wassers wird ein mit warmem Wasser gefülltes Glas benötigt. In das Glas wird ein Ei gegeben, das langsam zu Boden sinkt. Danach wird dem Wasser Salz zugesetzt und umgerührt. Mit zunehmendem Salzgehalt wird das Ei langsam an die Oberfläche steigen.

Abschließender Hinweis
Nach dieser ersten Versuchsreihe zur Schwimmfähigkeit verschiedener Gegenstände kann die Erzieherin die Lernerfahrungen der Kinder vertiefen. Zunächst werden die Beobachtungen nochmals besprochen:
- Welche Gegenstände schwimmen auf der Wasseroberfläche?
- Wie haben wir die Schwimmfähigkeit nachgewiesen?

Im Anschluss daran wird das neu erworbene Wissen auf das Märchen übertragen:
- Können wir uns erklären, warum das graue Männlein in seinem Schirm schwimmen konnte?
- Warum ist der Hut wahrscheinlich untergegangen?

In einem letzten Schritt können die Kinder dazu angeregt werden, ihre situationsbezogenen Erfahrungen auf ihre direkte Umwelt zu übertragen:
- Wo können wir die Schwimmfähigkeit noch beobachten?
- Wo nützt uns dieses Wissen noch?

Wasser als Wasserdampf

Warum verdunstet Wasser bei Wärme?
Wasser ist eine Flüssigkeit, die bei Wärme verdunstet und einen gasförmigen Zustand erreicht. Wasser kann sich deshalb in der Luft verflüchtigen. Durch die Sonneneinstrahlung verdunstet Wasser aus den Seen und Meeren.

Der Wasserdampf steigt in der Atmosphäre auf und kühlt sich dabei ab. Es entstehen Wassertröpfchen und schließlich Wolken. Werden die Wassertröpfchen größer und schwerer, beginnen sie zu fallen. Es regnet.

Mit den folgenden Experimenten wird Interessantes über den Wasserkreislauf, über die Entstehung von Wolken, Regen, und Nebel vermittelt.

▶ Versuch 1

Zwei Gläser sind gleich voll mit Wasser gefüllt. Der Wasserstand ist am Glas markiert. Ein Glas wird mit einem Teller abgedeckt und an einen warmen Ort gestellt (Heizung oder Sonne). Das andere Glas bleibt unbedeckt. Am nächsten Tag können die Kinder entdecken, dass der Wasserstand des unbedeckten Glases niedriger ist. Die Erscheinung wird damit erklärt, dass ein Teil des Wassers durch die Wärme verdunstet. Im Sommer trocknet auch die nasse Wäsche schneller.

▶ Versuch 2

Das Wasser verwandelt sich schnell in Wasserdampf, wenn es erhitzt wird. Ein Topf wird mit Wasser gefüllt und auf dem Herd erhitzt. Wenn das Wasser kocht, wird ein Topfdeckel in die aufsteigende Dampfwolke gehalten. Am Deckel entstehen kleine Wassertropfen. Diese tropfen nun langsam wieder in den Topf zurück.

Ähnliches passiert bei Regen. Er entsteht, wenn Wasser aus Seen und Meeren verdunstet. Dabei steigen viele, viele Wasserdampfteilchen hoch hinauf in die Atmosphäre. Dort kühlen sie sich ab und werden zu winzigen Wassertröpfchen, die sich zu Wolken verdichten, bis es schließlich regnet.

✔ **Material für diese Versuche**

Gläser, Gefäß für Wasser, Wassertopf, Topfdeckel und ein Herd

▶ **Mathematik**

Der Einsatz eines Maßbandes liefert genaue Daten und führt in den Zahlenraum ein.

▶ **Beobachtungen im Alltag**

Wenn man ein warmes Bad nimmt und die Badetüre bleibt geschlossen, dann bildet sich auch Wasserdampf, der sich auf Spiegeln und Kacheln niederschlägt. Im Winter beschlagen manchmal die Scheiben im Auto, eine kühle Glasscheibe beschlägt, wenn sie mit dem warmen Atem angehaucht wird.

Abb. 7 Am Topf bilden sich Wassertropfen

Abb. 8 Der Wasserkreislauf

▶ Versuch 3

Ein trockenes Glas wird ins Gefrierfach gestellt. Es wird etwa eine halbe Stunde gewartet, bevor das Glas wieder herausgenommen wird. Folgende Veränderung können die Kinder beobachten: Am Glas haben sich viele kleine Tröpfchen gebildet. Im Kühlschrank hat sich das Glas abgekühlt und beim Herausnehmen kam es mit wärmerer Luft in Berührung. Der Wasserdampf der wärmeren Luft hat sich am Glas niedergeschlagen.

▶ **Sprachförderung**

Bei all diesen Versuchen ist der exakte Sprachgebrauch wichtig: „verdunsten“, „verdampfen“, „Wasserdampf“, „Atmosphäre“.

Abschließender Hinweis

Die Übertragung der Versuchsergebnisse auf die natürliche Umwelt erfordert eine hohe Abstraktionsfähigkeit von Kindern. Der Einsatz entsprechender Bilderbücher zum Wasserkreislauf unterstützt die kognitiven Leistungen und ermöglicht den Aufbau „innerer Bilder“.

Versuchsreihe: Luft als Element

Was ist Luft? Können wir sie anfassen?

Luft ist unsichtbar. Wir spüren sie, z. B. draußen, wenn sie als Wind mit unterschiedlicher Intensität um unseren Körper streicht.

Wind ist bewegte Luft, es gibt kalte Winde und warme Winde sowie starke und schwache Winde. Wenn sehr starker Wind herrscht, sprechen wir von Sturm.

Es gibt gefährliche Stürme, die große Schäden anrichten können. Sie werden als Orkane oder Wirbelstürme bezeichnet.

■ Nachweis von Luft

▶ Versuch 1

Es werden mehrere Gläser nebeneinander gestellt und mit Murmeln, Erde, Wasser, Papierschnipseln o. ä. gefüllt. Ein Glas bleibt leer. Darin befindet sich Luft. Wie fühlt sich diese Luft an? Kann man sie sehen, fühlen, riechen?
Wie kann bewiesen werden, dass in dem Glas Luft ist?
In eine Schüssel mit Wasser wird das „leere", mit Luft gefüllte, Glas gerade mit der Öffnung nach unten auf den Schüsselboden gestellt. Ist Wasser im Glas? Wenn es auf die gleiche Weise wieder herausgenommen wird, merkt man, dass die Innenseite des Glases ganz trocken geblieben ist. Es konnte kein Wasser in das Glas gelangen, da ja die Luft im Glas war.
Nach diesem ersten Versuch wird nun ein Gummibärchen auf „Tauchexpedition" geschickt. Dafür wird es in eine leere Teelichthülle gestellt und vorsichtig auf das Wasser gesetzt. Anschließend wird das mit Luft gefüllte Glas über dem Gummibärchen erneut senkrecht auf den Schüsselboden heruntergelassen. Was kann nun beobachtet werden? Das Gummibärchen sitzt in seinem Boot auf dem Schüsselboden. Nachdem das Glas wieder senkrecht aus dem Wasser gehoben wurde können alle Kinder das trockene Gummibärchen bewundern.

Warum ist das so?
Die Luft hat das Wasser verdrängt. Wer auf den Wasserspiegel geachtet hat, konnte einen zweiten Beweis erhalten: Der Wasserspiegel ist gestiegen.
Was passiert, wenn das Glas unter Wasser gekippt wird?
Wird das Glas unter Wasser gekippt, entweicht die Luft mit Blubberblasen.

Material für diese Versuche
Schüssel (am besten aus Glas), Gläser, Teelichthülle, Gummibärchen, Luftballons. Zum Basteln der Spirale: Papier, Schere, Schnur.

Abb. 9 Ein Gummibärchen auf Tauchstation

▶ Versuch 2

Luft kann kalt oder warm sein. Was passiert, wenn sich Luft erwärmt?
Dazu wird ein Luftballon über eine kleine Flasche gestülpt. In heißes Wasser gestellt, bläst sich der Luftballon leicht auf. (Tipp: Damit es auch wirklich funktioniert, muss der Luftballon zuvor schon einmal aufgeblasen worden sein, dann ist er elastischer.) Ursache ist, dass sich die Luft bei Wärme ausdehnt und nach oben steigt.

▶ Versuch 3

Auf ein Blatt Papier wird eine Spirale gemalt und ausgeschnitten. In die Mitte pieksen wir ein Loch und ziehen einen Faden durch. Das Ganze wird an der Decke oder an einem Stab befestigt. Wenn die Spirale über eine Wärmequelle (Heizung, Herd, u. ä.) gehängt wird, beginnt sie sich durch die aufsteigende warme Luft zu drehen.

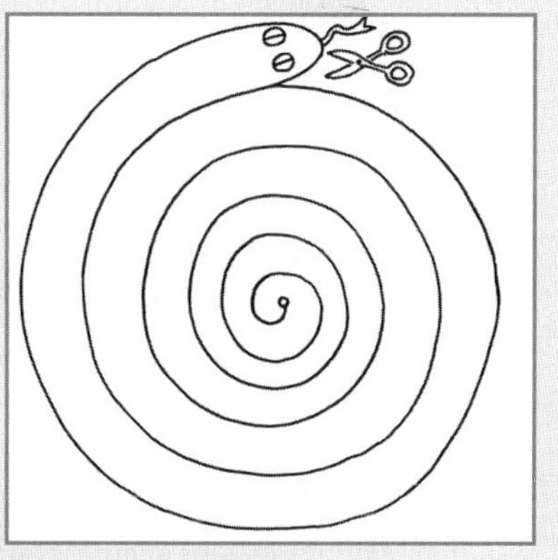

Abb. 10 Eine Schlangenspirale

▶ Der rasende Luftballon

Ein aufgeblasener Luftballon saust im Zimmer herum, wenn er losgelassen wird. Diese Kraft, die der Luftballon hat, soll für ein Spiel genutzt werden. Ein dünner Faden wird durch einen Trinkhalm gezogen. Seine beiden Enden werden weit voneinander entfernt im Raum befestigt. Jetzt wird ein Luftballon aufgeblasen, mit den Fingern geschlossen gehalten und mit Klebeband am Trinkhalm befestigt. Losgelassen saust der Trinkhalm mit Luftballon wie ein Düsenflugzeug quer durch den Raum. Der Versuch kann mit den Ballons mehrerer Kinder wiederholt werden: Welcher Ballon hat die weiteste Strecke zurückgelegt?
Weitere Experimentiermöglichkeiten:

- Luftmenge im Luftballon – wie weit bewegt sich der Luftballon?
- Schräges Anbringen des Fadens – kann der Luftballon auch einen Berg hochsausen?

Material
Eine ca. 2 m lange dünne Schnur/Faden, Trinkhalm, Klebeband und Luftballons.

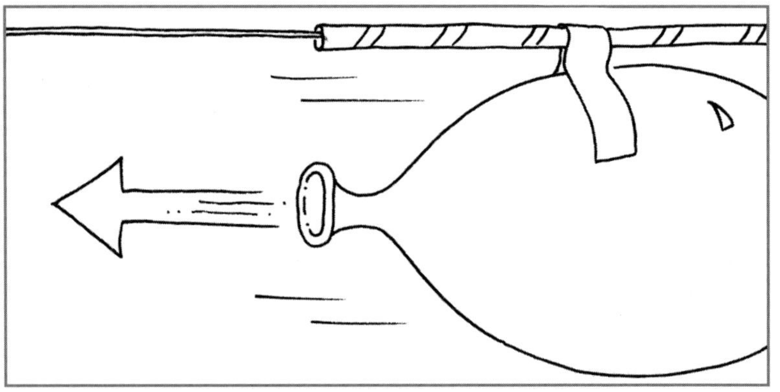

Abb. 11 Der Luftballon saust durch das Zimmer

2.3.2 Mathematik und Technik

Was lernen die Kinder dabei? Aspekte der mathematischen und technischen Bildung

Naturwissenschaften, Mathematik und Technik lassen sich bei einem bereichsübergreifenden und ganzheitlichen Ansatz in der pädagogischen Arbeit der Kindertageseinrichtung kaum voneinander trennen. Die grundlegenden Vorläuferkompetenzen von Mathematik im Messen, Wiegen und in der Raumerfahrung sind immer eng mit der Durchführung von Experimenten verbunden. Beim genauen Betrachten und Beobachten dient die Mathematik als Maßstab und kann in den Versuchen zur Verifizierung der erzielten Ergebnisse beitragen.

Praxisbeispiele

Windrad

Die Kinder bemalen ein quadratisches Blatt Papier. Anschließend wird es zweimal diagonal gefaltet und wieder geöffnet. Entlang der vier Bugfalten wird nun das Blatt bis zur Hälfte eingeschnitten. Es entstehen vier Dreiecke, deren Ecken in der Blattmitte befestigt werden. Auf einem Draht wird eine Perle befestigt und durch den Mittelpunkt gesteckt. Eine zweite Perle wird auf der anderen Seite eingefädelt. Durch die zwei Perlen kann sich das Windrad besser drehen. Das Ganze wird an einem Stab befestigt.

Fallschirm

Seidenpapier oder Papierservietten werden an allen vier Ecken mit einer Schnur versehen, und diese wird in einer Länge von ca. 20 cm zusammengeknotet. Fertig ist der Fallschirm. Vielleicht kann sogar eine kleine Figur an den Fallschirm gehängt werden. Der Fallschirm fliegt noch besser, wenn in die Mitte ein kleines Loch geschnitten wird.

> **Biologie**
> Ähnliche Fallschirme können wir beim Samen des Löwenzahnes entdecken.

Hubschrauber

Wir schneiden einen Streifen Papier (z. B. Origamipapier, ca. 20–30 cm lang und etwa 3–5 cm breit) aus, falten ihn in der Mitte (längs) und schneiden ihn an der entstandenen Linie etwa bis zur Mitte ein. Eine Hälfte wird nach vorne und eine nach hinten gebogen. Die andere Seite des Streifens wird an den Seiten jeweils um einige Zentimeter eingeschnitten. Die Längsseiten werden anschließend

> **Biologie**
> Ein fallender Ahornsamen dreht sich in der Luft wie die Rotorblätter eines Hubschraubers.

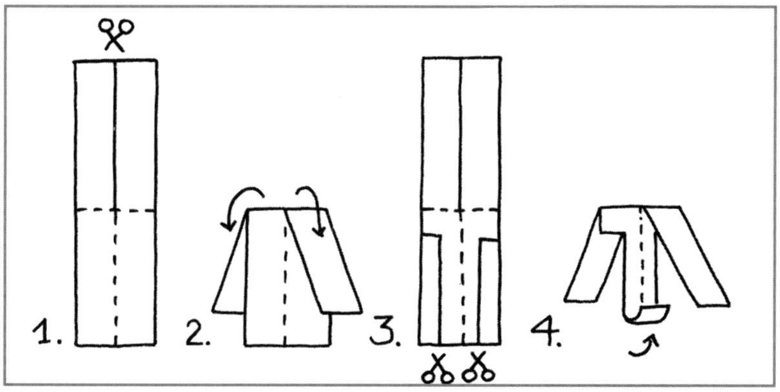

Abb. 12 Das Blatt Papier dreht sich nun wie ein Hubschrauber

umgeklappt, sodass eine T-Form entsteht (siehe Abbildung 12). Auch das untere Ende der T-Form wird umgebogen. Wenn man ans untere Ende eine Büroklammer heftet fliegt der Hubschrauber noch besser.

2.3.3 Musik und Kunst

Was lernen die Kinder dabei? Aspekte der ästhetischen Bildung

Die Auseinandersetzung mit dem Thema Wetter ermöglicht gute Anknüpfungspunkte im musikalischen und künstlerischen Bildungsbereich. Welche Geräusche macht der Wind und welche Farbe hat er vielleicht? Wie hört sich Regen an, wenn er laut auf die Straße prasselt? Wie kann ich ein Bild malen, das das Regenwetter darstellt? Akustische Reize werden erfahren, lokalisiert und klassifiziert. Sie finden auch im Umgang mit Farben und Papier Niederschlag in der Verbindung zur realen Welt.

Das Nachspielen oder auch Erfinden von Klanggeschichten ist eine von vielen Möglichkeiten, sich mittels Rhythmus und Tönen dem Märchen vom grauen Männlein zu nähern. Die Kombination von musikalischen und gestalterischen Fähigkeiten eröffnet darüber hinaus weitere Zugangsweisen, sich „vielsinnig" mit dem Märchen zu beschäftigen.

Praxisbeispiele

Nacherzählung mit Orff-Instrumenten

Beim Erzählen des Märchens vom grauen Männlein können die Kinder die Geräusche des Wetters mit Orff-Instrumenten nachempfinden. Gemeinsam wird entschieden, welches Instrument z. B. am Besten den Wind charakterisiert. Zusammen mit der instrumentalen Untermalung kann die Geschichte auch in Tanz umgesetzt werden. Lieder vom Wind und Regen schließen sich möglicherweise an.

Visualisierung von Klängen

Die entstandene Klanggeschichte kann durch Klangbilder wie Zeichen, Formen, Farben, dargestellt werden. Wir malen und hören den Wind, dessen Intensität ansteigt bis zum Sturm.

Finden von Klangquellen

Was macht alles Geräusche und was assoziieren wir mit dem Gehörten?
Wir gehen durch die Räume und den Garten und probieren aus, was wie tönt.
Das Rascheln von Blättern, das Schlagen einer Tür und das Rieseln von Sand sind nur einige Geräuschimpulse unserer Umgebung.

2.3.4 Bewegung

Was lernen die Kinder dabei? Bildungsaspekte der Bewegungserziehung

Bewegung ist immer mit Körperwahrnehmung und Raumorientierung verbunden. Besonders in der Psychomotorik wird das Zusammenspiel von Wahrnehmung, Bewegen, Erleben und Handeln betont. Während der Auseinandersetzung mit naturwissenschaftlichen Experimenten müssen oft komplizierte Raum-Lagepositionen kognitiv erfasst und in die entsprechende Handlung umgesetzt werden. Den Kindern werden diese Funktionen leichter fallen, wenn sie durch eigenes Körpererleben erspüren durften, was es bedeutet senkrecht zu stehen, waagerecht zu liegen, einen Raum diagonal zu durchschreiten oder ein Dreieck mit dem Körper nachzubilden.

Am eigenen Körper erfahrene Positionen sind darüber hinaus leichter in Worte zu fassen, da Begriffe durch das Erlebte zusammen mit den dadurch entstehenden „inneren Bildern" abgespeichert werden können.

Praxisbeispiele

Regentropfenspiel

Wir sind alle kleine Regentropfen, die sich im Raum bewegen. Auf ein Signal hin suchen wir uns zuerst einen und dann mehrere Partner, bis wir eine zusammenhängende Gruppe sind. Wenn wir ganz eng auf kleinstem Raum stehen sind wir sicherlich sehr schwer – im Wasser würden wir sinken. Nehmen wir uns an den Händen und verteilen uns auf größtmöglicher Fläche, so verteilt sich auch unser Gewicht.

Positionen kennen lernen

Mit Reifen, Stäben und Tüchern werden geometrische Formen gelegt
(ein Drache zum Beispiel besteht aus zwei Dreiecken).
Allein oder zu mehreren versuchen die Kinder, diese Formen mit dem eigenen Körper nachzubauen.
Drei Gegenstände (z. B. Boot, Ball, Stab) werden in verschiedene Positionen gebracht, z. B. auf den Stuhl gelegt oder neben die Tür gestellt. Die Kinder merken sich die Lage der Dinge. Nun schließen einige Kinder die Augen. Währenddessen werden die Positionen der Gegenstände verändert. Wer sieht die Veränderung?

Material
Reifen, Stäbe und Tücher.

Nachspielen des Märchens – Die Rettung des grauen Männleins

Im Regenschirmboot (Therapiekreisel) sitzt das „graue Männlein" und wartet auf Rettung. Ein Schiff (dicke Weichbodenmatte auf Rollbrettern oder großer Kasten auf Rollbrettern) naht, es werden Rettungsringe (mit einem Band befestigte Plastikreifen) ausgeworfen. Als das Männlein sich nicht traut, die Rettungsringe zu ergreifen, fährt ein Matrose in einem Rettungsboot (einzelnes Rollbrett) herbei, um das Männlein aus seinem Boot zu befreien.

Material
Therapiekreisel, dicke Weichbodenmatte, Rollbretter, Kasten, Plastikreifen.

2.3.5 Sprache, Kommunikation und Literacy

Was lernen die Kinder dabei? Bildungsaspekte der Spracherziehung

Das verstehende Hören ist Grundvoraussetzung für jegliche Sprachentwicklung, und für das Sprachverständnis. Aber erst der produktive Sprachgebrauch ermöglicht dem Kind die Kommunikation mit anderen. Das Märchen des grauen Männleins setzt an vertrauten Alltagsphänomenen der Kinder an.
Der Austausch darüber unter den Kindern fördert die Fähigkeit, sich sprachlich mitzuteilen und mit anderen auszutauschen. Die Freude am Erzählen wird geweckt und das Interesse an Sprache und am freien Fabulieren kann nachhaltig entwickelt werden. Nicht zuletzt wird der Wortschatz erweitert und die exakte Ausdrucksweise wird geschult. Durch Zuhören, Selbsterzählen und Neuerfinden können die Kinder grundlegende Kompetenzen, die langfristig Einfluss auf ihre Lese-, Sprach- und Schreibkompetenzen haben, erwerben.

Praxisbeispiele

Das Märchen selbst erzählen

Nachdem die Erzieherin den Kindern das Märchen mehrfach erzählt hat bittet sie sie, in einer weiteren „Märchenstunde" das Märchen selbst zu erzählen.
Die Erinnerung der Kinder an den Inhalt kann z. B. Ausgangspunkt für eine Bewegungseinheit sein, in der das Märchen nachgespielt wird, oder auch die Vorbereitung für die Präsentation des Märchens vor den anderen Kindern der Gruppe. Die Erzieherin achtet auf die Reihenfolge in der Erzählung der Kinder und weist sie gegebenenfalls auf die Reihenfolge im Märchen hin. Zur Unterstützung kann sie den Kindern vorschlagen, kleine Bildkarten mit den wichtigsten Ereignissen im Märchen zu malen.

Wetter und Kleidung

Der Gesprächskreis wird von der Erzieherin mit dieser oder einer ähnlichen Episode eröffnet: „Immer wenn die Sonne ganz heiß vom Himmel brennt, laufe ich schnell nach Hause und ziehe meinen Skioverall und die Handschuhe an." Sicherlich werden einige Kinder Einspruch erheben. Nun können die passenden Kleidungsstücke zu den verschiedenen Wetterlagen gesucht werden. Die Erzieherin hat für diese „Märchenstunde" mehrere Kataloge mitgebracht. Die Kinder schneiden nun die passenden Kleider und Accessoires für Regenwetter, Wind und Sonnenschein aus. Nach und nach entsteht eine Wetter-Wand-Collage.

> ✔ **Material**
> Verschiedene Kataloge, Scheren, ein großer Bogen Papier (Zeitungspapierrolle).

> ! **Tipp**
> Die Kinder erhalten die „Hausaufgabe", spezifische Kleidungsstücke von zu Hause in den Kindergarten zu bringen.

Wetteraufzeichnungen

Im Gruppenraum wird ein Bereich eingerichtet, in dem jeden Tag das aktuelle Wetter auf einer Tafel (evtl. als Monatsübersicht) dokumentiert wird. Zur Vorbereitung haben sich die Kinder aus der „Märchenstunde" mit den exakten Begriffen vertraut gemacht und auf kleine Karten die verschiedenen Wettersymbole (z. B. Regen, Wind, Wolken, Sonne, Schnee) gemalt.
Für verschiedene Witterungsarten können nun im Morgenkreis Symbole zusammen mit den Kindern ausgewählt werden.
Wenn das Thema Wetter z. B. im Rahmen eines „Wetterprojektes" intensiver behandelt werden soll bietet es sich an, die unterschiedlichen Begriffe wie z. B. Regen, Wind, Wolken weiter zu differenzieren.

> ✔ **Material**
> Sach- und Bildbände zum Thema Wetter, Wetterkarten aus Zeitungen, kleine Blankokarten, Buntstifte.

So kann zwischen Nieselregen, Platzregen, Graupelschauer bis hin zu Hagel und Schneefall unterschieden werden. Wind wird zum Sturm oder zum Wirbelsturm, und auch die Wolken haben unterschiedliche Bezeichnungen, die von Schäfchenwolken bis hin zu großen Kumuluswolken reichen können. Sachbücher und Bildbände sind dabei sehr hilfreich.

2.3.6 Soziales Lernen und Werteerziehung

Was lernen die Kinder dabei? Bildungsaspekte der Sozial- und Werteerziehung

In dem Märchen gerät das graue Männlein in Not und wird vom Wind samt Schirm in den Fluss geweht. Es besteht die Gefahr, dass es in die Fluten gerät. Viele Menschen sehen zu, doch niemand kann so richtig helfen, bis sich ein Rettungsboot nähert.
Die Kinder haben die Möglichkeit, sich in die Gefühlslage des Männleins zu versetzen. Gefühle wie Angst, Unsicherheit und Ratlosigkeit können nachempfunden werden.

Praxisbeispiele

Erkennen non-verbaler Signale von Gefühlen

„Heute siehst du aber glücklich aus.", oder „Du schaust ganz traurig drein." Dies sind Signale, die unsere Mimik und Gestik aussenden. Um die Kinder bei der Einschätzung unterschiedlicher Gefühle zu unterstützen, ist sowohl das Nachspielen als auch der Einsatz von Gebärden (z. B. in verschiedenen Gefühlsliedern) eine gute Möglichkeit. Unsere eigene Authentizität im Umgang mit den Kindern ist allerdings das beste „Barometer", das wir ihnen bieten können.

Tipp
Stellen Sie mit den Kindern eine „Gefühlsuhr" her. Dazu benötigen Sie einen Pappkreis, der in vier bis sechs Abschnitte eingeteilt wird. Jeder Abschnitt steht für ein Gefühl, das in den Abschnitt hineingemalt wird, z. B. glücklich sein, traurig sein, ängstlich sein, etc. In der Mitte des Pappkreises wird ein Zeiger mit Hilfe einer Musterklammer befestigt. Je nach Gefühlslage kann der Zeiger wandern.

Gefühlsmemory

Die Kinder der Gruppe werden fotografiert – und zwar mit zwei „unterschiedlichen Gesichtern" oder Körperhaltungen (z. B. glücklich – wütend, oder glücklich – traurig etc.). Die Fotos werden laminiert und als Gruppenmemory verwendet. Zur Unterstützung der Begriffsbildung benennen die Kinder das jeweilige Gefühl, das sie auf dem Foto sehen.

Helfer-Spiel

Aus eigenen Erfahrungen oder aus Gehörtem berichten die Kinder von gefährlichen Situationen. Zuvor kann die Erzieherin Bilder von gefährlichen Momenten vorbereiten. Nun suchen die Kinder nach praktikablen Lösungen. Oft hilft ein Pflaster, manchmal ein Anruf, die Bitte um Hilfe eines Erwachsenen. Anhand von Bildkarten, konkreten Gegenständen oder Rollenspielen können die Kinder das richtige Verhalten im Gefahrenfall einüben.

Abb. 13 Das graue Männlein wird gerettet

Das graue Männlein ist gerettet! Nun ist es nach Hause zurückgekehrt, hat eine gute warme Suppe gegessen und geschlafen. Durch das Gespräch mit seiner Familie konnte es den aufregenden Spaziergang noch einmal erleben und zusammen mit seiner Frau und seinen Kindern überlegen, warum alles so gekommen ist wie es gekommen ist. Die Kinder im Kindergarten haben anhand des Märchens durch zahlreiche Versuche die Elemente Wasser und Wind erforscht, einige technische Geräte gebaut, geometrische Grundelemente kennen gelernt, geräuschvoll Wind und Wasser nachempfunden und konnten einiges über ihre eigenen Gefühle erfahren.

3 Der Lichtstrahl und das neugierige Mädchen

3.1 Anliegen des Märchens

Es war einmal ein neugieriges Mädchen, das liebte alles, was hell und strahlend war und daher interessierte es sich auch für alles, was mit Licht zu tun hatte. Glücklicherweise traf das Mädchen eines Tages einen Lichtstrahl, der ihm alles über das Licht erzählen konnte, was es wissen wollte: woher er kam, wie er mit vielen anderen Strahlen unterwegs war, wie er beim Herumtollen auf Spiegel und Glasscheiben traf, was er dabei erlebte und wie er die Bekanntschaft mit roten Lichtstrahlen machte. Am Ende erzählte er dem Mädchen noch von der wundersamen Veränderung eines Freundes, denn der verwandelte sich in wohltuende Wärme.

Abb. 14 Der Lichtstrahl saust durch eine Fensterscheibe hindurch

Das Märchen vom Lichtstrahl fordert die Kinder auf, sich Gedanken über alltäglich benutzte und gegenwärtige Dinge zu machen. Ganz selbstverständlich knipst man z. B. das Licht an, wenn es dunkel wird. Aber was ist Licht? Woraus besteht es? Und was ist Wärme? In dem vorliegenden Märchen werden erste Antworten dazu gegeben.
Die Begriffe Licht und Wärme können mit zahlreichen Experimenten aus der Naturwissenschaft mit den Kindern erforscht werden:

- Licht und Lichtquellen;
- Licht und Spiegelung;
- Brechung des Lichtes;
- Licht und Wärme;
- Bedeutung des Lichtes in der Biologie, z. B. beim Wachsen und Gedeihen von Pflanzen;
- Wärme, die Dinge verändert, die z. B. Stoffe flüssig macht und die wir unter Anderem zur Zubereitung von Speisen benötigen.

Die Erlebnisse des Lichtstrahles führen Inhalte wie Reflexion, Brechung und Umwandlung des Lichtes in Wärme kindgerecht ein. Darüber hinaus liefert das Märchen vielfältige Zugänge für weitere Bildungsbereiche. So werden unter anderem Aspekte aus den Bereichen Bewegung sowie Sprache, Kommunikation und Literacy oder auch soziales Lernen und Werteerziehung angesprochen.

3.2 Einstieg in das Thema

Die Märchenstunde

Die Erzieherin hat das Märchen vom Lichtstrahl und dem neugierigen Mädchen vorbereitet. Sie kennt es so gut, dass sie es den Kindern sicher vorlesen, beziehungsweise ohne Textvorlage erzählen kann. Die dem Märchen beigefügten Erklärungen im Bereich Atome, Elektronen und Lichtstrahlen sind der Erzieherin ebenfalls bekannt, so dass sie sie gegebenenfalls für nähere Erläuterungen nutzen kann.

Die Kindergruppe trifft sich zur „Märchenstunde". Die Erzieherin bittet die Kinder zunächst, sich einen gemütlichen Platz zu suchen, von dem aus sie die Erzieherin gut sehen können.
Zum Einstieg zeigt sie den Kindern eine mitgebrachte Taschenlampe. Sie lässt den Lichtstrahl der Lampe im Raum hin- und hertanzen und wartet erste Kommentare der Kinder ab. Mit Sicherheit werden Begriffe wie „Licht" oder „Lichtstrahl", „hell" und „dunkel" fallen und es könnte auch ein Gespräch darüber entstehen, wann genau eine Taschenlampe gebraucht wird (z. B. bei den Übernachtungen im Kindergarten, wenn zu Hause der Strom ausgefallen ist usw.).
Anschließend berichtet die Erzieherin den Kindern von einem Märchen, das sie kennt, in dem ein Mädchen auf einen Lichtstrahl trifft und viele interessante Dinge von ihm erfährt. Sie zeigt den Kindern die Bilderbuchseite, auf der der Lichtstrahl „geboren" wird und erzählt das Märchen. Die nachfolgenden Bildseiten werden ebenfalls entsprechend gezeigt.
Im Märchen selbst wird das Mädchen häufig von dem Lichtstrahl nach bestimmten Begriffen gefragt. Dies kann die Erzieherin gegebenenfalls für Erzählpausen nutzen und die Kinder einbeziehen (an dieser Stelle ist es hilfreich, die dem Märchen beigefügten Erklärungen auf kindgerechte Weise weiterzuvermitteln).
Im Anschluss an das Märchen kann sich mit den Kindern ein Gespräch über die Erlebnisse des Lichtstrahls entwickeln. Die Erlebniswelt der Kinder kann durch entsprechende Fragen einbezogen werden:

- Wann könnt Ihr beobachten, dass Lichtstrahlen durch ein Fenster kommen?
- Habt ihr auch schon einmal erlebt was passiert, wenn z. B. die Sonne auf einen dunklen Gegenstand scheint?
- Habt ihr schon einmal einen Laserstrahl gesehen?

Die folgenden „Märchenstunden" befassen sich mit der thematischen Bearbeitung des Märchens unter verschiedenen Bildungsaspekten und greifen dabei die Fragen und Kommentare der Kinder auf.

3.3 Umsetzung des Märchens

3.3.1 Naturwissenschaften

Was lernen die Kinder dabei? Aspekte naturwissenschaftlicher Bildung

Die technischen Anwendungen naturwissenschaftlicher Erkenntnisse haben in den letzten Jahrzehnten zunehmend Einzug in unseren Alltag genommen. Dass wir bei Dunkelheit das Licht anschalten oder wenn es kühl wird die Heizung andrehen sind Handlungen, die zur Selbstverständlichkeit geworden sind.
Die Technologie ist mittlerweile aber so weit entwickelt, dass die zugrunde liegenden Funktionen meist nicht mehr erkannt werden können. Entdeckte man noch vor Jahren beim Auseinandernehmen des Weckers das Uhrwerk und dessen Mechanik, so vermittelt das Innenleben eines Digitalweckers wenig von seiner Funktionsweise.
Kinder wachsen selbstverständlich in diese „technische Welt" hinein. Um Einblicke in die Entstehungsweisen zu erhalten (und damit Basiswissen aufzubauen), sind jedoch vielfältige Sinneserfahrungen notwendig. Soll das Thema Licht in seiner vielfältigen Bedeutung erarbeitet werden und nicht bei dem „Strom aus der Steckdose" stehen bleiben, muss von bereits Bekanntem ausgegangen werden: vom Licht, von den Lichtquellen, von der Umwandlung von Licht in Wärme usw.

Lernziele:

- verschiedene Lichtquellen kennen lernen und um mögliche Gefahren wissen;
- durch selbsttätiges Experimentieren und Beobachten die verschiedenen Bereiche des Lichtes erforschen;
- erste Einblicke in technische Zusammenhänge erhalten;
- naturwissenschaftliche Experimente mit Unterstützung durchführen können;
- Versuchsergebnisse in einem „Forscherbuch" dokumentieren können.

Experimente und Praxisbeispiele

Licht und Lichtquellen – eine Diskussionsanregung

Der Kindergartenraum wird so gut wie möglich abgedunkelt. Ausgehend von der Frage „Was macht Ihr, wenn es dunkel wird und Ihr noch spielen wollt?" könnte z. B. folgende Antwort erwartet werden: „Das Licht muss angeschaltet werden!" Bei den weitergehenden Überlegungen können die verschiedensten Lichtquellen angesprochen werden – welche kennen die Kinder bereits, welche benutzen sie auch? Kennen sie die Gefahren, die mit einigen Lichtquellen einhergehen? Wissen sie um die Funktion, die einige Lichtquellen (z. B. Ampeln) haben?

> **Hinweis**
> Im Kindergarten kann ein Lichtertisch aufgebaut werden, auf dem viele künstliche Lichtquellen ausgestellt werden. Die etwas gefährlicheren Lichtspender (Feuerzeug, Gasanzünder usw.) werden z. B. in einer kleinen Glasvitrine verschlossen. Größere künstliche Lichtquellen (z. B. Ampeln) und natürliche Lichtquellen, wie die Sonne und Sterne werden als Abbildungen präsentiert.

Farbe und Form von Lichtquellen

Der Raum wird verdunkelt. Unterschiedliche Lichtquellen (Kerze, Gaslaterne, Tischlampe, Taschenlampe) werden vor eine weiße Wand gestellt. Anschließend werden Form und Farbe des Lichtes betrachtet und beschrieben. Auf einem an der Wand befestigten Blatt Papier können die dort entstandenen „Formen des Lichtes" nachgezeichnet und anschließend mit Farben ausgemalt werden (→ Forscherbuch).

> **Tipp**
> In der Verkehrserziehung ist es wichtig, dass die Kinder die Farben und die Funktion einer Ampel kennenlernen.

Licht besteht aus Lichtstrahlen und breitet sich geradlinig aus

An einem sonnigen Tag werden die Jalousien so geschlossen, dass nur ein kleiner Spalt offen bleibt. Bläst man den Rauch eines Räucherstäbchens in das einfallende Licht, erkennt man die Strahlen ganz genau und sieht, dass Lichtstrahlen sich geradlinig ausbreiten.
Mit dem Licht eines Diaprojektors oder einer Taschenlampe wird nun im dunklen Zimmer ein Ball beleuchtet. Seine dem Licht zugewandte Vorderseite wird erhellt. Die Rückseite bleibt dunkel. Auch hier wird deutlich: Licht bewegt sich geradlinig fort, darum erhellt es nur die Vorderseite eines beleuchteten Gegenstandes.

> **Verweis**
> Dies erinnert an Versuche, die im Zusammenhang mit dem Märchen von der kleinen Sonne durchgeführt wurden – evtl. erinnern sich die Kinder an die dort durchgeführten Experimente.

Der Transparenzeffekt – Licht kann Materialien durchdringen

In einem abgedunkelten Raum werden nacheinander ein weißes Blatt Papier und ein mit Öl eingestrichenes weißes Blatt Papier zwischen eine Taschenlampe und eine weiße Wand gehalten. Im direkten Vergleich kann beobachtet werden, dass das unbehandelte Papier kaum Licht durchlässt, das mit Öl eingestrichene Papier hingegen lichtdurchlässig wird.

> **Material**
> Taschenlampe, zwei Blatt Papier, ein wenig Speiseöl.

Warum ist das so?
Die Verbindung bestimmter Stoffe, wie etwa Öl und Papier ermöglicht, dass Lichtstrahlen durch die Verbindung hindurchgehen. Man nennt dies Transparenzeffekt.

Mit Hilfe des Transparenzeffektes kann eine Lichterkette selbst hergestellt werden. Von den Kindern bemaltes Papier (z. B. leichtes Aquarellpapier) wird getrocknet, mit Öl dünn eingestrichen und erneut getrocknet. Anschließend werden kleine „Tüten" aus dem Papier geschnitten und so zusammengetackert, dass ein Trichter entsteht. Durch die engen Öffnungen wird jeweils eine Lampe der Lichterkette gesteckt.

Bau einer Lochkamera

In zwei quadratische Kartons wird in die Mitte des Deckels und Bodens ein Loch gestochen. Beide Kartons werden danach so hintereinander gestellt, dass die Löcher in gleicher Höhe sind. Eine leuchtende Taschenlampe wird so eingesetzt, dass der Strahl der Lampe das erste Loch trifft. Setzt man sich gegenüber, so dass das Auge auf der Höhe des zweiten Kartons ist, sieht man das Licht durch die Löcher.

Material
Zwei quadratische Kartons, Taschenlampe.

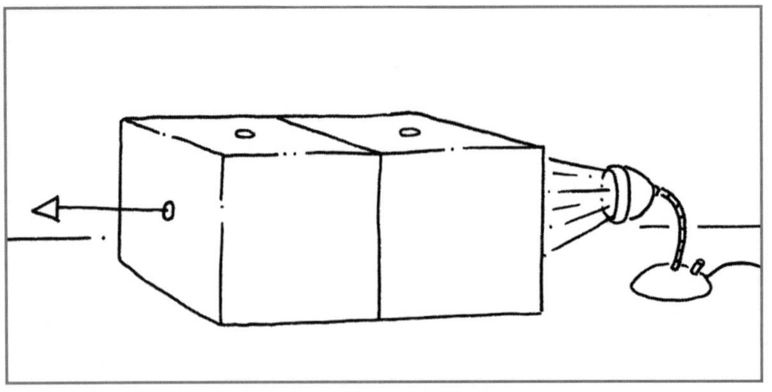

Abb. 15 Man sieht das Licht durch die Löcher hindurch

Versuchsreihe zum Thema Licht

▶ Versuch 1 – Die Reflexion des Lichtes

Man stellt sich in einem abgedunkelten Raum vor einen Spiegel und beleuchtet von der Seite mit der Taschenlampe das Gesicht. Der Strahl der Lampe trifft dabei die Nasenspitze. Abwechselnd wird ein weißes und schwarzes Blatt Papier hinter die andere Seite des Gesichtes gehalten. Mit dem schwarzen Papier wird nur die Nase beleuchtet, das Gesicht bleibt im Dunkeln. Mit dem weißen Papier scheint das Gesicht vollkommen angestrahlt.

Material
Weißes und schwarzes Papier, Spiegel, Taschenlampe.

Warum ist das so?

Unterschiedliche Farben reagieren unterschiedlich auf den Lichteinfall. Dunkle Farben z. B. nehmen Lichtstrahlen auf (absorbieren), dadurch wird in diesem Fall nur die Nasenspitze beleuchtet, da das restliche Licht vom Papier „verschluckt" wird. Helle Farben werfen den Lichtstrahl zurück, so dass dadurch das ganze Gesicht angestrahlt wird.

▶ Versuch 2 – Die Reflexion von Licht

Zwei Kinder stellen sich Rücken an Rücken, sie können sich jetzt nicht sehen, sondern nur spüren. Wenn aber ein Kind einen Handspiegel über den Kopf hält kann es das andere Kind beobachten. Man kann also mit einem Spiegel hinter sich sehen (dies ist z. B. beim Autofahren ganz wichtig).

Warum ist das so?

Ein Spiegel ist eine Glasplatte, die auf der Rückseite mit einer feinen Metallschicht bezogen ist. Wenn das Licht auf die Glasplatte fällt, durchdringt sie sie, wird aber dann von der dahinter liegenden Metallschicht wieder „zurückgeworfen" – also reflektiert. Dadurch ist es möglich, mit Hilfe eines Spiegels hinter sich zu schauen.

▶ **Versuch 3 – Blick in den Spiegel**
Wenn wir uns in einem Spiegel betrachten, erscheint unser Spiegelbild seitenverkehrt. Hebt man die rechte Hand, ist es beim Spiegelbild die linke. Mit einem Handspiegel lässt sich dies noch besser nachprüfen. Man legt verschiedene Gegenstände vor den Spiegel und vergleicht die Ober- und Unterseite des realen Gegenstandes mit dessen Spiegelbild.
Nun verwendet man zwei Spiegel. Beide Spiegel werden zu einem Winkel zusammengestellt. Jetzt erscheint das Spiegelbild richtig herum.

▶ **Versuch 4 – Aus Halb mach ganz**
Wenn man einen Schmetterling, das Blatt eines Baumes, eine Blüte usw. halbiert, kann man sie mit einem Handspiegel wieder „ganz" machen. Dafür wird der Spiegel im rechten Winkel an die halbierte Seite gestellt und schon erscheint die ganze Figur im Spiegel. Bewegt man den Spiegel leicht hin und her, sieht es sogar so aus, als ob der Schmetterling flattert.

Warum ist das so?
Wir sehen nur dann Gegenstände, wenn Licht auf sie trifft und von ihnen zurückgeworfen, reflektiert wird. Der Spiegel reflektiert das einfallende Licht geordnet zurück und „zeichnet" ein genaues Abbild dessen, was vor ihm ist.

Bau eines Prismas

Die Pappe wird zunächst in drei gleich große Abschnitte gefaltet und anschließend wieder auseinandergefaltet. Die einzelnen Spiegelfolienstreifen werden nun auf die Innenseite der vorher gefalteten Rechtecke der Pappe geklebt. Nachdem die Schutzfolie der Spiegelfolie abgezogen wurde, wird die Pappe zu einem Dreieck gefaltet und mit dem Isolierband gut zusammengeklebt.

Material
Quadratisches Stück Wellpappe (ca. 15 x 15 cm), 3 Streifen Spiegelfolie (je 5 x 15 cm) z. B. vom Baumarkt, Isolierband zum Zusammenkleben.

Das Prisma kann schnell in ein Kaleidoskop verwandelt werden. Hierzu werden zusätzlich eine durchsichtige Plastikdose (z. B. aus dem Baumarkt), kleine Sternchen, Perlen oder ähnliches (zum Befüllen der Dose) und ein Pappkreis mit einem Loch in der Mitte benötigt.
Am unteren Ende des Prismas wird die Dose mit den Kleinteilen befestigt, das obere Ende wird mit dem Pappkreis versehen. Schaut man nun durch das Loch im Pappkreis und dreht das umgebaute Prisma langsam um sich selbst, entstehen durch die sich bewegenden Teile in der Plastikdose schöne Muster.

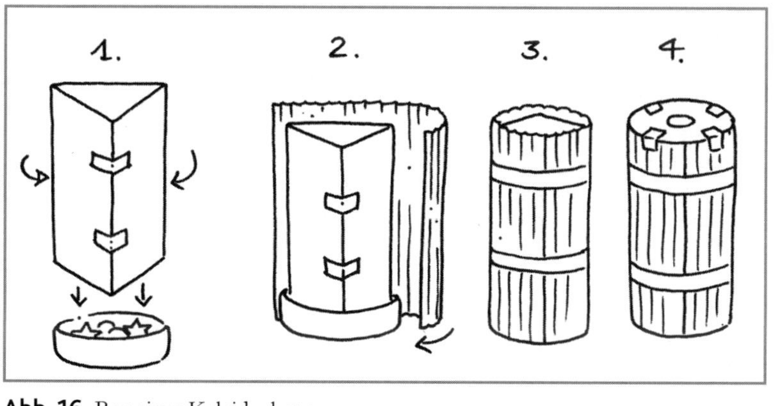

Abb. 16 Bau eines Kaleidoskops

Bau eines Periskops

Man teilt einen Karton mit Lineal und Bleistift in vier 6 bis 8 cm breite Streifen (je nach Größe des zu benutzenden Handspiegels). Rechts unten im ersten Feld und links im dritten Feld wird je ein gleich großes Quadrat herausgeschnitten. Das Ganze wird zu einem langen rechteckigen Rohr zusammengeklebt. Seitlich

Material
Fester Karton – ca. 50 cm lang und mit einer Breite je nach Handspiegel (ca. 10 cm), Schere, Klebeband, zwei Taschenspiegel von 6x10 cm, Lineal und Bleistift.

von den ausgeschnittenen Quadraten wird jeweils ein durchgehender Schlitz angebracht. Nun steckt man die Spiegel in einem Winkel von 45 Grad durch die Einschnitte, jeweils an der oberen und unteren Seite. Setzt man sich nun hinter einen Busch und hält den oberen Teil des Periskops aus dem Busch heraus, kann man das Treiben beobachten, ohne dass man gesehen wird.

Wie funktioniert ein Periskop?
Das Licht der Dinge, die oberhalb des Buschs sind, wird vom oberen Spiegel auf den unteren Spiegel reflektiert. Aufgrund der Schrägstellung (Winkel) beider Spiegel werden die Lichtstrahlen so umgeleitet, dass wir das Geschehen sehen können, ohne selbst gesehen zu werden.

Abb. 17 Bau eines Periskops

Versuchsreihe: Licht krümmt sich

Ausgangspunkt für die Versuchsreihe ist folgende Passage im Märchen, die den Kindern im Vorfeld noch einmal bewusst gemacht werden kann: Der Lichtstrahl saust mit all seinen Genossen mit großer Geschwindigkeit durch die Welt. Ganz erstaunt stellt er fest, dass er eine Glasscheibe durchdringen kann und nur leicht in eine andere Richtung gedrängt seinen Weg fortsetzen kann (vgl. Märchenbuch S. 36–40, Abschnitt „Die Reise").

▶ **Versuch 1**

Ein durchsichtiges Glasgefäß mit geraden Wänden (z. B. kleines Aquarium) wird mit Wasser und etwas Milch gefüllt. Auf eine Taschenlampe wird schwarzes Papier mit einem kleinen Loch in der Mitte geklebt. Im verdunkelten Raum wird der Strahl der Taschenlampe von unten nach oben so auf das Gefäß gerichtet, dass der Lichtstrahl die Wasseroberfläche erreicht. Trifft der Lichtstrahl auf die Oberfläche, dringt er nicht geradlinig in das Wasser ein, sondern wird von der Oberfläche auf die gegenüberliegende Seite des Gefäßes gelenkt.

Material
Durchsichtiges Gefäß mit geraden Wänden, Wasser, Milch, Taschenlampe, festes schwarzes Papier, Klebeband.

Warum ist das so?
Wenn Lichtstrahlen auf den Übergang zweier verschiedener Flüssigkeiten treffen, verteilt der Lichtstrahl sich nicht geradlinig. Daher sieht es so aus, als wäre er gebogen.

▶ **Versuch 2 – Der Leuchtstrahl**

Eine Plastikflasche wird mit Wasser gefüllt. Der Deckel der Flasche wird durchbohrt und ein dünner Plastikschlauch wird in die Flasche geführt. Das Loch wird anschließend mit Knetmasse abgedichtet und eine Taschenlampe wird am Boden der Flasche befestigt. Alles, bis auf den aus der Flasche herausführenden Schlauch, wird nun mit einem dunklen Stoff umwickelt. Die Taschenlampe wird angeknipst. Drückt man die Flasche im verdunkelten Raum zusammen, so dass das Wasser aus dem Schlauch fließt, leuchtet der Wasserstrahl hell auf.

Material
Durchsichtige Plastikflasche und Plastikschlauch, Knetmasse, Klebeband, dunkler Stoff, Wasser und eine Schüssel für das ausfließende Wasser.

Versuchsreihe: Brechung des Lichts

Viele Kinder haben schon Folgendes erlebt: Sie stehen bis zum Bauch im Wasser und stellen fest, dass ihre Beine plötzlich ganz kurz und ganz dick erscheinen. Was hat es damit auf sich?

▶ **Versuch 1**

In ein 30 cm tiefes Glas, das mit Wasser gefüllt ist, wird ein Holzstab gestellt. Direkt an der Wasseroberfläche scheint der Holzstab nun einen Knick zu haben. Aber nicht der Stab, sondern das Licht wurde an der Wasseroberfläche gebrochen.

Warum ist das so?

Wenn Lichtstrahlen aus der Luft in das Wasser eintauchen verändern sie ihre Richtung. Diese Richtungsänderung wird auch Lichtbrechung genannt. Sie hat etwas mit den unterschiedlichen Eigenschaften von Luft und Wasser zu tun. Je direkter (senkrechter) das Licht in das Wasser trifft, desto geringer erscheint die Lichtbrechung.

Material

Glas, Wasser, Holzstab, Trinkhalm, bemaltes Papier.

▶ **Versuch 2**

Ein großes Einmachglas wird mit Wasser gefüllt, und ein Trinkhalm wird senkrecht in das Glas gestellt. Wenn man von vorne auf das Glas schaut, kann Folgendes beobachtet werden: der im Wasser befindliche Teil des Halms erscheint größer.

Anschließend wird z. B. eine Kinderzeichnung hinter das mit Wasser gefüllte Glas gestellt und durch das Glas betrachtet. Teile des Bildes erscheinen nun vergrößert. Durch die Wiederholung des Versuchs mit anderen Zeichnungen kann den Kindern bewusst werden, dass Bilder durch ein gefülltes Glas wie mit der Lupe vergrößert betrachtet werden können.

Warum ist das so?

Die Bilder, die durch die Brechung des Lichtes entstehen, verzerren die Realität. Das Licht verändert seine Geschwindigkeit, wenn es von einer Substanz (Luft) in eine andere Substanz (Wasser) übergeht. Dies hat den Richtungswechsel zur Folge. Durch die Wölbung des Glases erscheinen Dinge dann wie durch eine Lupe vergrößert.

Bau eines Teleskops

Zwei Papprohre werden ineinander gesteckt. An je einem Ende des schmaleren und des breiteren Rohres wird eine Leselupe mit Klebeband befestigt. Nun wird ein Objekt am Himmel angepeilt, z. B. der Mond. Durch Verkürzen oder Verlängern der Rohre wird so lange probiert, bis ein scharfes Bild entsteht. Die Kinder werden feststellen: Der Mond erscheint größer.

Warum ist das so?

Die eine Lupe lässt die „Strahlen" des Mondes zusammenlaufen, und bündelt das Licht zu einem Abbild des Mondes, so dass ein neues Bild entsteht, das von der zweiten Lupe dann vergrößert wird.

Material

Zwei Papprohre mit unterschiedlichem Durchmesser, zwei Leselupen, Klebeband.

Abb. 18 Durch das Teleskop sieht man den Mond viel größer

3.3.2 Naturwissenschaften – Biologie

Was lernen die Kinder dabei? Weitere Aspekte naturwissenschaftlicher Bildung

Die Kinder konnten sicherlich schon beobachten, dass Blumen und Pflanzen bei Licht besser und schneller wachsen. Sie wissen zum Teil schon, dass es ohne Licht kein Leben gibt und dass Pflanzen das Licht brauchen, um sich zu ernähren und zu wachsen.
Zwar weist das Märchen vom Lichtstrahl und dem neugierigen Mädchen nicht direkt auf biologische Zusammenhänge hin, allerdings können diese im Gespräch mit den Kindern erschlossen werden, wenn beispielsweise die Frage, wofür wir Licht benötigen, thematisiert wird.

Experimente

■ Experimente zum Thema Wachstum und Licht

▶ Versuch 1

Ein Bohnenkeimling wird in einen Blumentopf gepflanzt und gut gegossen. Der Topf wird nun so in einen Karton gestellt, dass sich der Deckel an der Seite befindet. Mit der Schere wird ein ca. 2 cm großes Loch in Höhe des Keimlings in den Deckel geschnitten. Das Ganze wird an einen sonnigen Ort gestellt. Gießen nicht vergessen! Nach einiger Zeit wächst die Bohne aus dem ausgeschnittenen Loch heraus.

✔ **Material**
Blumentopf mit Erde, Bohnenkeimling, Karton, Schere.

▶ Versuch 2

In zwei Pflanzschalen wird Kresse gesät und gegossen. Anfangs werden die Pflanzenschalen mit einem Karton abgedeckt und schön feucht gehalten. Nach wenigen Tagen beginnen die Samenkörner zu sprießen und der Karton kann entfernt werden. Eine der beiden Schalen wird auf ein helles Fensterbrett gestellt, die andere kommt in einen dunklen Schrank. Nach wenigen Tagen können die Kinder ein sehr unterschiedliches Wachstum feststellen. Dadurch kann ihnen bewusst gemacht werden, wie wichtig Helligkeit für das Wachstum der Pflanzen ist.

✔ **Material**
Pflanzschalen mit Erde, Kressesamen, Karton zum Abdecken.

3.3.3 Bewegung

Was lernen die Kinder dabei? Bildungsaspekte der Bewegungserziehung

Ähnlich wie der Lichtstrahl in dem Märchen sind auch Kinder ständig in Bewegung. Die meist gewählte Fortbewegungsart ist das Laufen, langsamere Bewegungsmöglichkeiten sind an eine gute Körperwahrnehmung und Kraftdosierung gebunden und werden im Verlauf der Kindergartenzeit differenziert. Im Sinne einer ganzheitlichen Betrachtungsweise und der damit einhergehenden Verknüpfung der verschiedenen Bildungsbereiche können naturwissenschaftliche Phänomene wie beispielsweise die geradlinige Bewegung des Lichts im Rahmen gezielter Bewegungsangebote verinnerlicht werden.

In den Lichtstrahl laufen

Der Bewegungsraum wird so abgedunkelt, dass Lichtstrahlen von einer Taschenlampe gut zu sehen sind. Die Erzieherin (oder ein Kind der Gruppe) lenkt den Lichtstrahl in eine bestimmte Ecke oder eine bestimmte Richtung (z. B. auf einen bestimmten Platz am Boden). Die Kinder versuchen, so schnell wie möglich in den Lichtstrahl zu gelangen.

Schnell wie das Licht

Licht bewegt sich geradlinig. Die Kinder bewegen sich von unterschiedlichen Punkten im Raum aus so schnell sie können gerade zur nächsten Wand, bzw. zu einem Hindernis. Wenn sie an einer Wand/einem Hindernis angekommen sind, „prallen" sie ab und bewegen sich erneut gradlinig zur nächsten Wand/zum nächsten Hindernis.

Den Lichtstrahl fangen (ein Spiel für zwei Kinder)

Jeweils zwei Kinder bilden gemeinsam ein Paar. Ein Kind hat eine Taschenlampe und leuchtet mit dem Lichtstrahl in unterschiedliche Bereiche/Ecken des Bewegungsraumes. Das andere Kind muss versuchen, den Lichtstrahl zu fangen, indem es schnell in den Lichtkegel hineinläuft. Hat es dies geschafft, werden die Rollen getauscht.
Wenn mehrere Kinder gleichzeitig spielen bietet es sich an, Taschenlampen mit verschiedenfarbigem Licht zu benutzen.

Pflanzenwachstum

Das sich das Wachsen der Pflanzen nach dem Licht ausrichtet, kann mit den Kindern nachgespielt werden:
Im Bewegungsraum wird eine Bewegungslandschaft aufgebaut (kleine Kästen als Hindernisse, Tücher oder andere Materialien). Die Kinder liegen als „Samenkörner" versteckt in der Erde (unter den Tüchern, zwischen den Kästen etc.). Die Erzieherin leuchtet mit einer starken Taschenlampe in die Verstecke hinein – die Kinder räkeln sich dem Licht entgegen und beginnen zu wachsen, bis sie schließlich aufrecht am Boden stehen.

3.3.4 Sprache, Kommunikation und Literacy

Was lernen die Kinder dabei? Bildungsaspekte der Spracherziehung

Das Märchen vom Lichtstrahl und dem neugierigen Mädchen lädt die Kinder dazu ein, sich unter anderem mit verschiedenen Begriffen aus dem alltäglichen Leben auseinanderzusetzen. Gespräche über Licht und Lichtquellen unterstützen beispielsweise die Begriffs- und Oberbegriffsbildung in diesem Bereich.
Teile des Märchens eignen sich gut für die Entwicklung ritualisierter „Sprachbausteine", z. B. die Szene, in der die einzelnen Lichtstrahlen sich – jeder sehr in Eile – treffen und sich kurze Nachrichten zurufen. Der Aufbau des Märchens

ermöglicht den Kindern darüber hinaus, weitere Erlebnisse des Lichtstrahls zu erfinden und den anderen Kindern davon zu berichten.

Praxisbeispiele

Wir suchen Lichtquellen

Im Gruppenraum oder auch während eines Spazierganges werden die verschiedensten Lichtquellen in der Umgebung gesucht. Es wird eine Liste erstellt, die im Laufe der Zeit immer länger werden kann. Die einzelnen Lichtquellen können z. B. fotografiert und als „Wortratespiel" verwendet werden. Zusätzlich zu den real vorhandenen Lichtquellen können Sonne, Blitz, Öllampe, Fackel, Laserstrahlen, Ampel, Warnlicht, Feuerzeug, Streichhölzer oder das Licht des Glühwürmchens hinzugefügt werden.

> **Tipp**
> Lassen Sie die Kinder ihre „liebste Lichtquelle" in das Forscherbuch zeichnen.

„Wer suchet, der wird finden..."

In einem verdunkelten Raum sollen selbst leuchtende (alle Arten von Lampen) und beleuchtete (von einer Lichtquelle angestrahlte) Gegenstände gesucht werden. Im Vorfeld wird darüber gesprochen, welches Kind welchen Gegenstand suchen soll. Die Hinweise für die Kinder können beispielsweise in Form eines einfachen Rätsels gegeben werden (z. B. „Ich bin klein und leuchte, wenn ich in einer Steckdose stecke.", „Ich hänge unter der Decke." oder „Wenn du in mich hineinschaust, siehst du dich doppelt.").

Sprüchetafel: „Mir geht ein Licht auf"

Die Erzieherin hat gemeinsam mit den Kindern Wörter und Sprüche gesammelt und auch neu erfunden, die sich mit dem Thema Licht befassen („Mir geht ein Licht auf", „Lichtjahr", „Lichterfunken", „Eine Leuchte sein", „Ene, mene, Donner und Blitz – kommt schnell wie das Licht herangeflitzt"...). Diese werden auf einer extra Tafel im Eingangsbereich ausgestellt.

3.3.5 Soziales Lernen und Werteerziehung

Was lernen die Kinder dabei? Bildungsaspekte der Sozial- und Werteerziehung

Licht und Wärme können nicht nur unter naturwissenschaftlichen, sondern auch unter zwischenmenschlichen Aspekten betrachtet werden. Somit kann die Geschichte die emotionale Beziehungsebene ansprechen und den Kindern als Wegweiser für eigene Gefühlsempfindungen und der anderer Menschen dienen – schon Kinder erleben, dass sie z. B. zu frieren beginnen, wenn es ihnen nicht gut geht. Der kindlichen Ausdrucksweise fehlen noch häufig die Begriffe, aber sie finden ihre Entsprechungen unter Anderem in gemalten Bildern, die emotionale Befindlichkeiten signalisieren.
Die Verknüpfung naturwissenschaftlicher mit ethischen Fragestellungen ermöglicht darüber hinaus die Entwicklung von Grundhaltungen, die das Leben nicht als Selbstverständlichkeit, sondern als kostbares Gut wertschätzen. Bezogen auf das Märchen vom Lichtstrahl bietet es sich z. B. an, über Energie und

Energieversorgung nachzudenken. Die Kinder lernen so, neben rein naturwissenschaftlichen Betrachtungsweisen von gesetzmäßigen Ursache-Wirkungs-Zusammenhängen, den dahinter liegenden Sinn und die Bedeutung von Natur-Welt-Lebensphänomenen zu verstehen.

Praxisbeispiele

„Tröstersteine"

Geschliffenes Glas spiegelt am Tag die Sonnenstrahlen in bunten Farben wider. Für die Gruppe kann ein besonderes Schatzkästchen angeschafft werden, in dem viele geschliffene Glassteine aufbewahrt werden. Diese können als Erzähl- oder auch Tröstersteine eingesetzt werden, wenn Kinder sich nicht wohl fühlen.

Energiedetektive im Kindergarten

Gemeinsam mit den Kindern wird überlegt, wo der Einsatz von Licht (und damit der Verbrauch von Energie) notwendig ist und wo nicht. In der Toilette ist es z. B. wichtig, Licht zu machen, allerdings muss es nicht dauernd brennen. Zusammen mit den Kindern können Lampen ausgetauscht oder mittels Bewegungsmeldern verändert werden. So ist eine schon frühzeitige Heranführung an einen verantwortungsvollen Umgang mit Energie möglich.

> **Tipp**
> Viele Träger von Kindertageseinrichtungen unterstützen Energiesparbemühungen und honorieren sie z. B. mit finanziellen Zuwendungen.

Nach seiner Entstehung durfte der Lichtstrahl spannende Dinge erfahren, traf auf Weggefährten und konnte viel Neues lernen. Ein Lichtstrahl hat sich sogar verwandelt, er wurde zu Wärme. Die spannenden Erlebnisse des Lichtstrahls gaben den Kindern einen ersten Einblick in die faszinierende Welt des Lichts. Sie konnten verschiedene Experimente durchführen und sogar Prismen, Periskope und Teleskope herstellen.

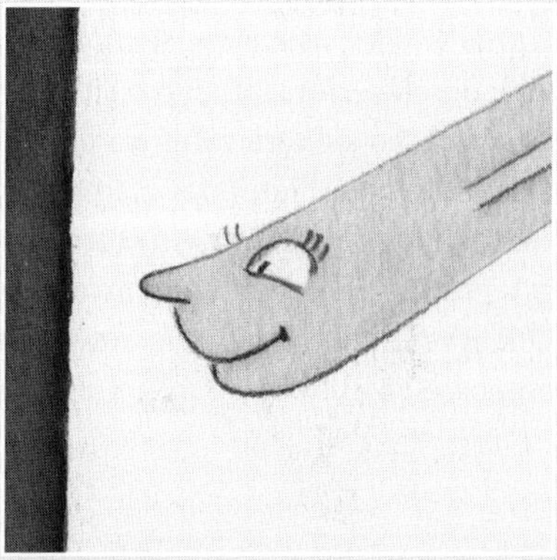

Abb. 19 Der Lichtstrahl trifft auf einen schwarzen Gegenstand

4 Der lachende Wassertropfen

4.1 Anliegen des Märchens

Eines Morgens entdeckt Max einen Wassertropfen auf seinem Fahrradsattel. Anfangs ist er überrascht als der Tropfen munter zu plaudern beginnt. Der Tropfen hat viel zu erzählen, zum Beispiel wie er in der Wärme der Sonne verdunstet und in einer ganz anderen Form, als Gas hinaufschwebt zu den Wolken. Er berichtet auch von seinem Treiben in den Wolken zusammen mit vielen anderen Wassertropfen, und wie er wieder zur Erde hinabkommt, sei es als Regen, oder im Winter als Schneeflocke.

Abb. 20 Der Wassertropfen berichtet Max von seiner aufregenden Reise

Das Märchen vom lachenden Wassertropfen erzählt in kindgerechter Weise die Verwandlung eines Wassertropfens in seine verschiedenen physikalischen Erscheinungsformen, in denen er auf der Erde vorkommt: als flüssiges Wasser, festes Eis oder gasförmiger Dampf (Aggregatzustände). Es erzählt vom Kreislauf des Wassers und regt die Kinder an, sich intensiver mit dem spannenden Element Wasser, das wir in so verschiedener Form kennen, auseinanderzusetzen. Dieser Kreislauf vermittelt sinngebend und bildlich auch ein Naturgesetz: es geht nichts wirklich verloren und vieles kehrt, zum Teil in verwandelter Form, immer wieder. Anhand vieler Versuche können diese naturwissenschaftlichen Phänomene erforscht, durch bildliches Gestalten kreativ umgesetzt und in Geschichten weitererzählt werden.
Darüber hinaus bietet das Märchen Anknüpfungspunkte im Bereich der Werteerziehung: Wasser ist ein kostbares Gut und es gibt auf der Erde nur eine festgelegte Menge davon. Verantwortungsvoll mit dem Wasser, das u. a. für die Qualität unseres Lebens verantwortlich ist, umzugehen, kann ebenfalls als Themenbereich mit in die Kindergartenarbeit einfließen.

4.2 Einstieg in das Thema

Die Märchenstunde

Die Erzieherin hat das Märchen vom lachenden Wassertropfen vorbereitet. Sie kennt es so gut, dass sie es den Kindern sicher vorlesen, beziehungsweise ohne Textvorlage erzählen kann. Die dem Märchen beigefügten Erklärungen sind der Erzieherin ebenfalls bekannt, so dass sie sie gegebenenfalls für nähere Erläuterungen nutzen kann.
Die Kindergruppe trifft sich zur „Märchenstunde". Die Erzieherin bittet die Kinder zunächst, sich einen gemütlichen Platz zu suchen, von dem aus sie die Erzieherin gut sehen können.
Zum Einstieg zeigt sie den Kindern die Bilderbuchseite, auf der Max zum ersten Mal auf den kleinen Wassertropfen trifft. Im Verlauf des Märchens bietet es sich an, mehrere kleine Pausen zu machen, wenn die Kinder signalisieren, dass ihnen einige Begriffe im Märchen (z. B. verdunsten, gasförmig, Eiskristall etc.) unbekannt sind. Bei guter Konzentrationsfähigkeit der Kinder lässt die Erzieherin im Anschluss an das Märchen genügend Zeit für Fragen und Bemerkungen.
Weitere Märchenstunden werden für die konkrete Auseinandersetzung mit dem Thema Wasser genutzt.

4.3 Umsetzung des Märchens

4.3.1 Naturwissenschaften

Was lernen Kinder dabei? Aspekte naturwissenschaftlicher Bildung

Wasser ist ein Element des Lebens für Menschen, Tiere und Pflanzen. Es umgibt uns im Sommer wie im Winter in seinen verschiedenen Formen. Wasser verliert nichts von seiner Faszination – egal, ob wir es als flüssiges Element, Wasserdampf oder in fester Form untersuchen.
In der Auseinandersetzung mit dem Element Wasser wird den Kindern die Möglichkeit gegeben, die verschiedenen Eigenschaften selbst zu erforschen. Sie werden dazu angeregt, im Vorfeld Vermutungen zu Versuchsausgängen zu äußern. Allgemeine Aussagen zum Thema Wasser dokumentieren dabei den aktuellen Wissenstand, weiterführende Experimente erlauben den Kindern, hinter ihr „Alltagswissen“ zu schauen – so werden die Vermutungen im Verlauf der Experimente zu ersten Wahrheiten.

Verweis
Vgl. hierzu auch Seite 24, Wasser als Wasserdampf, Versuch 2.

Was wissen wir bereits über das Wasser?

- Wasser ist nass.
- Wasser, das sind Tropfen und die sind rund.
- Wasser ist auch in der Luft und im Winter wird das Wasser zu Eis.
- Mit Wasser kann man kochen, es kommt aus dem Wasserhahn und auch aus dem Brunnen kommt Wasser.
- Wasser ist in der Wassermelone, Fische leben im Wasser, mit Wasser und Seife wäscht man sich…

Das Wissen der Kinder kann in verschiedene Sachgebiete unterteilt werden:

- Welche Eigenschaften hat das Wasser?
- Wo finden wir überall Wasser?
- Was lässt sich mit Wasser machen?
- Welche technischen Errungenschaften gibt es?

Wie auch schon an anderer Stelle erwähnt, erfordert die Auseinandersetzung mit dem Bildungsbereich Naturwissenschaften immer eine ganzheitliche Vorgehensweise. Auch hier gilt es, Wasser in seinen verschiedenen Aggregatzuständen taktil zu erspüren oder die Geräusche des Wassers wahrzunehmen. Manche Eigenschaften, wie z. B. die Kapillarität oder auch die Kraft des Wassers (beim Staudammbau), können sichtbar gemacht werden.

Kooperation mit nachfolgenden Bildungseinrichtungen
Die Lehrpläne sowohl von Grundschulen, als auch weiterführenden Schulen beinhalten den Themenbereich Wasser. In Zusammenarbeit mit den Lehrkräften lassen sich für das Lernverhalten aller Kinder positive Lernsituationen erarbeiten. Die Schüler bereiten das naturwissenschaftliche Thema so vor, dass sie es den Kindergartenkindern erklären und anschaulich präsentieren können. Für die Kindergartenkinder ist es ein Erlebnis, zusammen mit den „Großen“ zu lernen – es eröffnet ihnen erste Einblicke in das Unterrichtsgeschehen, das auch für sie irgendwann relevant wird. Gerade im Blickwinkel einer guten Übergangsbewältigung (Kindergarten – Schule) ist es wichtig, vermehrt Gelegenheiten inhaltlicher Art zu finden, die diese Kooperation unterstützen.

Lernziele:

- unterschiedliche Eigenschaften des Wassers erforschen;
- naturwissenschaftliche Experimente mit Unterstützung durchführen können;
- erste eigene Erklärungen für bestimmte Erscheinungen/Phänomene geben können;
- Versuchsergebnisse in einem „Forscherbuch“ dokumentieren können.

Experimente und Praxisbeispiele

Versuche mit Wasser sollten in einer dafür zweckmäßigen Umgebung stattfinden. Wenn der Kindergarten über eine entsprechend große Nasszelle verfügt, sollten dort die für Versuche notwendigen Materialien leicht zugänglich gelagert werden. So kann beispielsweise ein leicht zu reinigendes „Forscherlabor“

mit Wasseranschluss entstehen, in dem unterschiedliche Behältnisse wie Gläser, Schüsseln, Trichter und Schöpfkellen zur Verfügung stehen.

■ Experimentierreihe Eigenschaften des Wassers

▶ Versuch 1 – Wasser ist nass

Wasser ist nass. Diese These können die Kinder erspüren. Mit geschlossenen Augen werden die Hände abwechselnd in Wasser und in trockener Watte, Tüchern etc. „gebadet". Trockene Dinge werden angefeuchtet und erspürt. Becher werden mit Wasser, Murmeln, Kugeln oder Papierschnipseln gefüllt und ausgegossen.
Das erste Naturgesetz, das wir dabei beobachten ist, dass alle Dinge andere Eigenschaften haben: sie sind unterschiedlich hart oder weich, sind flüssig oder fest und man kann sie unterschiedlich leicht in kleinere Teile zerteilen.

Material
Schüsseln, Becher mit Wasser, verschiedene Gegenstände wie z. B. Murmeln, Steine, Papierschnipsel, Watte, etc.

Warum ist das so?
Alles besteht aus kleinen Teilchen, den so genannten Molekülen und Atomen. Bei Steinen hängen sie alle ganz fest zusammen. Beim Wasser nicht – wenn man einen Finger hineintaucht, werden die einzelnen Teilchen auseinander gedrückt.

▶ Versuch 2 – Wasser fließt von alleine

Die Kinder füllen einen Eimer randvoll mit Wasser und stellen einen zweiten, leeren Eimer daneben. Dann tauchen sie einen durchsichtigen Plastikschlauch in den Wassereimer. Nun saugt ein Kind das Wasser mit dem Mund gerade so weit an, bis es aus dem Schlauch herausläuft. Der Schlauch wird anschließend in den zweiten Eimer gelegt.
Auf diese Weise läuft nun das Wasser ganz von alleine vom vollen in den leeren Eimer, bis beide gleich voll sind.

Material
Zwei Eimer, durchsichtiger Plastikschlauch.

Warum ist das so?
Die kleinen Teilchen beim Wasser hängen zwar nicht sehr fest zusammen, aber wenn sie durch einen Schlauch soweit angesaugt werden, dass sich keine Luft mehr in dem Schlauch befindet, fließen sie in den anderen Eimer hinein. Man kann es sich so vorstellen, als würden die Wasserteilchen sich alle an den Händen greifen und sich solange durch den Schlauch ziehen, bis der Wasserstand in beiden Eimern gleich ist.

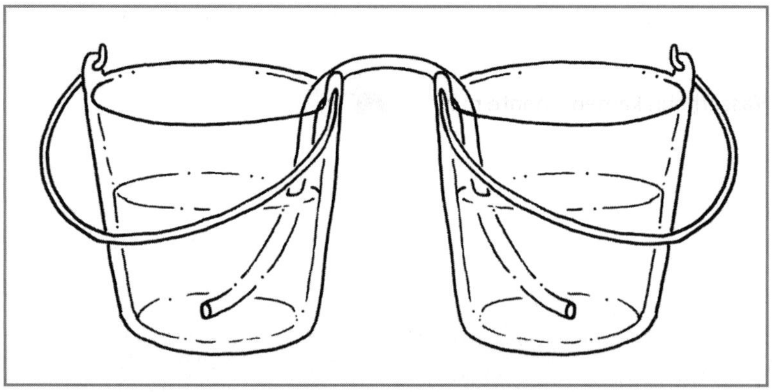

Abb. 21 Zwei Eimer werden mit einem durchsichtigen Plastikschlauch verbunden – das Wasser verteilt sich auf beide Eimer

▶ Versuch 3 – Wasser steigt auch hoch

Einen Beweis für aufsteigendes Wasser liefern uns Pflanzen. Eine Selleriestaude (oder eine weiße Nelke) wird in ein Glas Wasser, das zuvor mit etwas Tinte versetzt wurde, gestellt. Nach einiger Zeit nehmen die Stängel und Blätter die Farbe der Tinte an.

Material
Wasserglas, Selleriestaude oder weiße Nelke, Tinte.

Warum ist das so?
Auch Pflanzen müssen trinken. Durch ihre Stängel laufen ganz viele kleine Röhrchen, wie ganz dünne Strohhalme. Durch sie saugen die Pflanzen das Wasser überall hin, wo sie es brauchen. Dies wird Kapillarität genannt.

▶ Versuch 4 – Wasser hat Kraft

Dieser Versuch findet im Freien, z. B. in der Sandkiste, statt. Mit Sand wird ein halbrunder Staudamm gebaut. Das Becken (Stausee) davor lassen wir mit Wasser voll laufen. Darauf hin wird mit einem großen Eimer sehr viel Wasser in den Stausee gegossen. Erst entsteht eine kleine Rinne, die immer größer wird, bis der Damm bricht und alles überflutet.

> **Material**
> Plastikflaschen, Prickelnadeln, Klebeband.

Die Kraft des Wassers kann auch erhöht werden. Man kennt dies von Flüssen, die in ein enges Flussbett geleitet werden.
Man benötigt Plastikflaschen, die mit einem Nagel entweder senkrecht oder waagerecht durchbohrt werden. Die Löcher werden anschließend mit Klebeband verschlossen und die Flaschen werden gefüllt. Entfernt man das Klebeband sprudelt das Wasser mit gleichlangen Strahlen aus den waagerechten Löchern heraus, bei den senkrechten Löchern wird der Strahl immer länger je tiefer das Loch angebracht ist.

> **Tipp**
> An einem fließenden Gewässer, lässt sich dieser Versuch am besten nachweisen (Dammbau am Bach). Dort kann Wasser auch als Lebensraum von Tieren und Pflanzen beobachtet werden.

▶ Versuch 5 – Wasser verdunstet mit Luft und Wind

Wasser kann sich als Wasserdampf mit der Luft verbinden. Dass Wasser beim Verdunsten hoch steigt und sich z. B. am Kochdeckel wieder als Wassertröpfen niedersetzt wissen die Kinder bereits (vgl. Seite 24, Wasser als Wasserdampf, Versuch 2). Das Wasser wirklich in der Luft ist, lässt sich folgendermaßen nachweisen:
Wir benötigen zwei Wassergläser, eines bleibt leer, das zweite wird mit Eiswürfeln gefüllt. Das mit Eis gefüllte Glas fühlt sich kalt an und beschlägt von außen mit Wasser.
Genau so erging es dem lachenden Wassertropfen, der in der Luft schwebend sich bei der nächtlichen Abkühlung als Tautropfen auf den Sattel von Max niederließ.

> **Material**
> Zwei Wassergläser, Eiswürfel.

Warum ist das so?
An der Außenseite des Glases schlagen sich kleine Wassertropfen nieder, die aus Wasserteilchen bestehen, die vorher in der Luft waren. Weil die Luft, die am Glas entlangstreicht, plötzlich kalt wird, sammeln sich die Wasserteilchen genau dort zu kleinen Tropfen.

▶ Versuch 6 – Wassertropfen sind rund

Bei den einzelnen Tropfen, die aus dem Wasserhahn kamen, konnte man schon beobachten, dass die einzelnen Tröpfchen rund waren. Nun füllt man ein Glas randvoll mit Wasser, bis ein richtiger Wasserberg entsteht. Legt man eine Nadel horizontal auf die Wasseroberfläche, so schwimmt sie.

> **Material**
> Glas, Nähnadel.

▶ Versuch 7 – Löcher im Wasser

Ein Waschbecken wird mit Wasser gefüllt. Auf die Oberfläche wird Puder gestreut. Wenn man mit dem Finger vorsichtig in das Wasser tippt entstehen kleine Inseln, die sich dann wieder schließen. Wird der Finger allerdings mit Seife eingerieben und dann eingetaucht, bewegt sich das Puder vom Finger weg und die entstandenen Löcher schließen sich nicht mehr.

> **Material**
> Wachbecken mit Wasser, Puder, Seife.

Warum ist das so?
An dem Wasserberg (Versuch 6) sehen die Kinder, dass sich die Wasserteilchen alle aneinander festhalten. Sie bilden sozusagen eine „Haut" oder Membran, damit sie sich nicht verlieren. Diese Haut wird auch Oberflächenspannung genannt. Sie kann kleine Gegenstände tragen (Wasser-

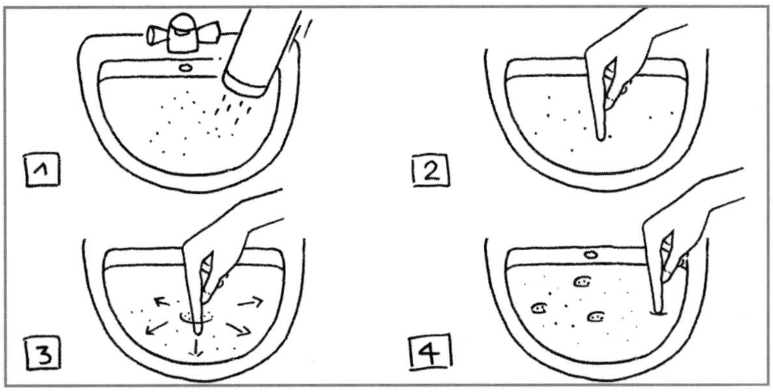

Abb. 22 Löcher im Wasser

läufer machen sich dieses Gesetz zu nütze). Die Haut kann aber durch andere Stoffe auch zerstört werden. Seife verringert die Kraft, die die Wassermoleküle zusammenhält.

▶ **Versuch 8 – Wasser wird zu Eis, Schnee**

Wasser kann sich neben den Eigenschaften flüssig und gasförmig auch in einen festen Zustand verwandeln. Im Winter können wir dieses Phänomen durch Eis und Schnee erforschen. Eis dehnt sich dabei aus und kann sogar Dinge zerstören.
Jedes Kind füllt ein Glas randvoll mit Wasser und legt eine Untertasse darauf. Stellt man das Glas in das Gefrierfach, so hebt das sich bildende Eis die Untertasse nach oben.
Füllt man ein Glas voll mit Eiswürfeln und lässt diese wieder schmelzen, wird das Wasser nicht überlaufen.

Warum ist das so?
Wenn Wasser gefriert, werden die Wasserteilchen ganz starr und unbeweglich und verhaken sich ineinander. So brauchen sie mehr Platz. (Die Kinder können das nachspielen.) Die gleiche Menge Eis enthält dadurch weniger Wasserteilchen als flüssiges Wasser. Dadurch ist es leichter (es hat eine geringere Dichte) und schwimmt auf dem Wasser.

> **Tipp**
> Im Winter lassen sich zu Wasser, Schnee und Eis eine Menge toller Beobachtungen im Freien machen. Aus dem Tau wird Raureif, die kalte Luft verwandelt die Tröpfchen in den Wolken zu Eiskristallen, die sich miteinander zu Schneeflocken verbinden. Es entstehen dabei wunderbare Formen.

Springbrunnenbau

In den Deckel einer mit Wasser gefüllten Flasche wird ein Loch gebohrt. Durch das Loch wird ein Strohhalm so eingesteckt, dass er ganz tief in die Flasche hineinragt. Anschließend wird alles mit Knetgummi wasserdicht abgedichtet. Nun können die Kinder nach draußen gehen und die Flasche fest zusammendrücken. Das Wasser spritzt in hohem Bogen aus der Flasche.

> **Material**
> Flasche mit Plastikdeckel, Vorbohrer, Strohhalm, Knetgummi.

Warum ist das so?
Wenn die Flasche zusammengedrückt wird, wird es in der Flasche so eng, dass die Wasserteilchen schnell nach draußen wollen. Weil sie nicht so fest zusammenhängen, können sie nacheinander durch den Strohhalm. Wäre die Flasche mit Steinen gefüllt, könnten die Teilchen nicht hinaus, weil diese viel fester zusammenhängen und damit gemeinsam zu groß für das Loch sind.

4.3.2 Ästhetik, Kunst und Kultur

Was lernen Kinder dabei? Aspekte der ästhetischen Bildung

Kinder begegnen Materialien neugierig, offen und kreativ. Eine Form des kindlichen Ausdrucks ist dabei das bildnerische Gestalten. Mit und durch Bilder und Zeichnungen erzählen Kinder viel von ihren Gefühlen und Wünschen – mehr als sie mit ihren sprachlichen Mitteln unter Umständen ausdrücken können. Die Beachtung und Wertschätzung kindlicher Kreativität ermöglicht eine positive Entwicklung des Selbstwertgefühls, denn durch ihre künstlerischen Ausdrucksformen gewähren Kinder uns einen Einblick in ihre Sichtweisen von der Welt, in der sie leben.
Mit dem Märchen vom lachenden Wassertropfen als Ausgangspunkt können die Kinder sich dem Thema Wasser durch verschiedene Maltechniken mit Wasserfarben nähern.

Material
Unterschiedliches Papier (Zeichenblock, Aquarellpapier etc.), Schwämmchen, Wasserfarben, Spritzgitter, etc.

Praxisbeispiele

Wasserbilder

Ein Blatt Papier wird mit einem Schwamm angefeuchtet. Nun tropft man verschiedene Farben auf das nasse Papier und lässt es verlaufen. Es entstehen wunderbare Gebilde von Farbklecksen auf dem Papier. Wassergeister, Wesen und fremde Welten können in diesen Bildern gesehen werden.

Die Farbe Blau

Unser Tropfen erhält eine Farbe und die ist Blau. Anhand des Märchens werden die einzelnen Stationen (Aufenthaltsorte des Tropfens) bildlich festgehalten. Er ist in den Wolken mit vielen anderen Kameraden zu sehen (Tupftechnik), er fällt als Regen vom Himmel (Spritztechnik) und er erscheint im Winter als wunderschöne Schneeflocke (Schablonentechnik).

Das blaue Pferd

Jedes der Kinder hat sicherlich eine Lieblingsfarbe. Die Farben werden nun bestimmten Elementen oder Gegenständen zugeordnet: Rot wie das Feuer und rote Rosen, Blau wie das Meer und die Kornblume. Auch große Maler hatten ihre Lieblingsfarben. Das blaue Pferd von Franz Marc unterstreicht dies. Die Kinder können in ihrer Lieblingsfarbe ein Bild mit Wasserfarben malen.

Wolkencollage

Die Kinder erhalten jeweils einen Skizzenblock und einen Bleistift und gehen nach draußen, um die Wolken zu betrachten. An einer geeigneten Stelle legen die Kinder sich auf den Boden und schauen den vorüberziehenden Wolken zu. Überlegen Sie gemeinsam mit den Kindern, was die unterschiedlichen Wolken darstellen können: Gesichter, Tiere, Landschaften, Bauwerke ... Jedes Kind sucht sich nun sein Lieblingswolkenmotiv aus und zeichnet es auf seinen Block. Zurück im Gruppenraum werden die einzelnen Wolkenbilder mit Deckweiß, weißer Fingerfarbe oder auch Watte ausgemalt und auf ein großes, hellblaues Plakat geklebt. So können sie, z. B. in der Garderobe, als Wolkencollage präsentiert werden.

Tipp
Zusammen mit einigen Eltern kann ein Ausflug in eine Bildergalerie organisiert werden. In vielen Bildern sowohl junger, als auch alter Meister sind Wolkenmotive zu entdecken.

4.3.3 Bewegung

Was lernen Kinder dabei? Bildungsaspekte der Bewegungserziehung

Ein weiterer Bereich kreativer Ausdrucksmöglichkeiten von Kindern ist der Bewegungsbereich. Im Zusammenspiel von Wahrnehmung, Gefühl und Umsetzung in Bewegung erkunden Kinder ihre Umwelt. Ähnlich wie im bildnerischen Gestalten erzählen Kinder durch ihre Bewegungsmöglichkeiten und deren Ausdrucksweise weit über ihre sprachlichen Fähigkeiten hinaus von Anspannung und Entspannung, guten und weniger guten Gefühlen. Sich angemessen bewegen zu können vermittelt Sicherheit und Selbstbewusstsein, Kinder erlangen dadurch ein Bewusstsein von innerer und äußerer Stärke.
Im szenischen Spiel und Tanz verbinden sich kreative ästhetische Elemente mit Bewegungselementen. Die Weichheit der Bewegung, das sich Einfühlen in die Musik fördern die emotionale Wahrnehmung und unterstützen die Kinder bei der Darstellung ihrer Gefühle. Sich tänzerisch zu bewegen kann Lust und Freude auslösen und fördert die Verbundenheit in einer sozialen Gruppe.

Praxisbeispiele

Erlebnisparcours im Freien

Um das Element Wasser richtig genießen zu können, bietet sich das Außengelände als Gestaltungsraum an. Innerhalb des Geländes werden zusammen mit den Kindern verschiedene Stationen errichtet. Zielvorgabe ist es, den Bewegungsaspekt und die sensorische Wahrnehmung zu schulen sowie die Gesundheit zu fördern.

- Station 1: Staffellauf
  Aus einer mit Wasser gefüllten Regentonne sollen die Kinder ihre Wassereimer im Staffellauf füllen und in einem entfernten Becken wieder ausgießen. Wer unterwegs Wasser verliert, muss zum Ausgangspunkt zurück.
- Station 2: Wasserbombenwerfen
  Luftballons werden mit Wasser gefüllt und auf eine Zielscheibe geworfen.
- Station 3: Zielwurf
  Ein Planschbecken wird mit Wasser gefüllt. Darin liegen kleine Reifen. Jedes Kind erhält nun Münzen oder kleine Steine und muss diese in die Reifen werfen. (Achtung: Die Oberflächenspannung des Wassers macht dies zu einer kniffligen Aufgabe, weil die geworfenen Gegenstände an der Wasseroberfläche abgelenkt werden!)
- Station 4: Temperaturraten
  In mehrere Handwaschschüsseln wird unterschiedlich temperiertes Wasser gefüllt. Die Kinder sollen herausfinden, in welcher Schüssel sich das wärmste Wasser etc. befindet. Anschließend können mit Zahlenkarten die Temperaturunterschiede aufsteigend nummeriert werden.

Material
Planschbecken, kleine Wassereimer, Schüsseln, unterschiedlich temperiertes Wasser, kleine Reifen, Münzen oder kleine Steinchen, Wasserbomben, Zielscheibe.

Abb. 23 Die Kinder finden heraus, wie warm das Wasser in den Schüsseln ist

- Station 5: Wir Kneippen
  In verschiedene Schüsseln wird warmes und als Gegensatz kaltes Wasser gefüllt. Sie können für Armbäder oder Fußbäder genützt werden. Auch das Abspritzen der Arme, Beine oder sogar des ganzen Körpers ist gesundheitsfördernd.

Anlegen eines „Wasserparks"

Die Sandkiste kann als „Wasserpark" umfunktioniert werden. Dafür wird Wasser in Kanäle geleitet, es werden Schleusen gebaut und Wasser gestaut, kleine Seen werden angelegt und Kaskaden errichtet.
Um den so entstandenen Wasserpark „haltbarer" zu machen, kann ein Ausflug in einen großen Baumarkt geplant werden. Die Einkaufsliste beinhaltet Rohre, Aquarienplastikmatten, unterschiedliche Behältnisse, Ziegelsteine und Arbeitsgeräte wie z. B. Schaufeln und Harken.

Szenisches Spiel zum Märchen vom lachenden Wassertropfen

Die Erzieherin nimmt zu Beginn der Bewegungseinheit nochmals Bezug auf das Märchen vom lachenden Wassertropfen, der sich als Tautropfen auf dem Sattel befindet, hinaufsteigt und zur Wolke wird, um später als großer Regentropfen wieder auf die Erde zu fallen.
Im Turnraum verteilt sitzt jedes Kind in einem Reifen. Ganz klein und möglichst rund sind diese Tautropfen. Die Triangel kündet den Aufgang der Sonne an und die Tropfen erwachen. Sie beginnen sich mit ihrem Reifen zu bewegen. Immer schneller bewegen sie sich und immer mehr Tropfen hängen sich aneinander, bis alle Kinder, sich an den Reifen haltend, als große Wolke durch den Turnraum ziehen. Die Wolke überwindet Hindernisse wie Langbänke, steigt auf Matten, kriecht unter Seilen hindurch bis sie sich ganz schwer und müde langsam auflöst und als kleine Tropfen wieder einen Ort zum Ausruhen findet.

Variation: Eng umschlungen bewegen sich einige kleine Grüppchen von Wolken durch den Raum. In der Mitte tanzen Erdenkinder mit viel Getrampel und Gestampfe Regentänze, denn sie warten sehnlichst auf den erfrischenden Regen. Ein Donnerschlag mit der Trommel löst die Wolken auf, und jedes Tröpfchen sucht sich ein Kind mit dem es lustig weitertanzt.

Material
Einen Reifen für jedes Kind, Bewegungslandschaft mit Bänken, Seilen, Tüchern, Matten, etc.

Tipp
Das Märchen vom lachenden Wassertropfen kann szenisch nachgestellt und im Rahmen eines Gruppennachmittages beispielsweise den Eltern vorgeführt werden. Als Kulisse dienen die in heller Farbe gehaltenen Wolkenbilder (Wolkencollage), blaue Müllsäcke werden zu Tropfenkleidern umfunktioniert, weiße Bettlaken simulieren die Wolken.

4.3.4 Sprache, Kommunikation und Literacy

Was lernen Kinder dabei? Bildungsaspekte der Spracherziehung

Wasser ist für alle Kinder ein bekanntes Element. Im Laufe ihrer Entwicklung haben sie bereits vielfältige Erfahrungen mit diesem Element gemacht und ihre Erfahrungen als innere Bilder abgespeichert. Mithilfe des Märchens vom lachenden Wassertropfen können die Kinder nun insbesondere dazu angeregt werden, im akustischen Wahrnehmungsbereich auf „Entdeckungsreise" zu gehen. Für die Bewegung des Wassers gibt es vielfältige Beschreibungen, die im Rahmen der Begriffsbildung den Wortschatz der Kinder erweitern – Wasser kann fließen, tropfen, plätschern, rauschen, blubbern ... Welche Wassergeräusche kennen die Kinder bereits? Können sie verschiedene Geräusche unterscheiden und benennen (akustische Differenzierung)?
Auch die Begriffsbildung in der naturwissenschaftlichen Auseinandersetzung kann durch das gut bekannte Medium Wasser gefestigt werden.

Praxisbeispiele

Hörrätsel

Man benötigt eine kleine Wanne, die mit Wasser gefüllt wird und verschiedene Gegenstände, die im Kontakt mit dem Wasser unterschiedliche Geräusche machen (z. B. eine Gießkanne, eine Schöpfkelle, einen schweren Stein, einen Strohhalm etc.). Die Kinder probieren zunächst aus, welche Geräusche mit den Gegenständen im Wasser erzeugt werden können. Anschließend macht ein Kind die Augen zu, ein anderes Kind macht mit einem beliebigen Gegenstand ein Geräusch und lässt das Kind raten, welcher Gegenstand benutzt wurde.

✔ **Material**
Wasserwanne, verschiedene Gegenstände, die in Verbindung mit Wasser unterschiedliche Geräusche machen.

Wasserwörter

Gemeinsam mit den Kindern wird überlegt, welche verschiedenen „Wasserwörter" sie schon kennen: blubbern, plätschern, tropfen, spritzen ... Anschließend werden die Kinder gebeten, diese Worte zu beschreiben: Was genau ist blubbern? Was mache ich, wenn ich blubbere?

Wassermuseum

Die Kindergruppe begibt sich auf „Wassersuche". Wasser aus unterschiedlichen Orten (z. B. Schwimmbad, Küche, Baggersee, Pfütze etc.) wird in kleine Gläser abgefüllt, etikettiert (Bild und Wort) und als „Wassermuseum" ausgestellt. Auch hier gibt es wieder Gelegenheit, das unterschiedlich aussehende Wasser zu beschreiben: Wasser ist klar oder trüb, es hat einen bestimmten Geruch etc.

4.3.5 Werteorientierung und ethisches Handeln

Was lernen Kinder dabei? Bildungsaspekte der Werteorientierung

Das Element Wasser hat eine hohe Anziehungskraft auf Kinder: im Wasser spielen und plantschen, mit Wasser spritzen oder einfach nur mal die Hände für eine lange Zeit unter den laufenden Wasserhahn halten – das sind Handlungen, die Kinder gerne wiederholen. Darüber hinaus ist Wasser nicht nur ein Element, das wir beobachten und in seinen Eigenschaften erforschen können, sondern wir brauchen es tagtäglich, ohne es würden wir nicht existieren können. Gleichzeitig gibt es auf der Erde eine festgelegte und damit nicht veränderbare Menge an Wasser. Anhand des Wasserkreislaufes kann Kindern dies verdeutlicht werden. Zunehmende Wasserverschmutzungen gefährden die Qualität des Wasserbestandes und auch Landschaftsveränderungen durch die Menschen (z. B. Abholzung von Wäldern, Grundwassersenkungen beim Bau) greifen massiv in den Wasserkreislauf ein.
Bereits im Kindergartenalter können Kinder auf diese Situation in einfacher Art und Weise aufmerksam gemacht werden.

Praxisbeispiele

Wasserdetektive unterwegs

Zunächst sammeln die Kinder Gelegenheiten, bei denen Wasser benötigt wird:

- Menschen benötigen Wasser zum Trinken, Zähne putzen, Kochen, Waschen, zum Feuer löschen, beim Malen mit Wasserfarben …
- Tiere benötigen Wasser zum Essen und Trinken oder zum Baden. Für viele Tiere ist Wasser ein Lebensraum.
- Pflanzen benötigen Wasser, um zu existieren. Ohne Wasser würden sie verdursten und austrocknen.

In einem weiteren Schritt wird gemeinsam mit den Kindern überlegt, wo Wasser quasi „ungenutzt" wegfließen könnte: z. B. wenn der Wasserhahn nicht zugedreht wird oder tropft, wenn in der Toilettenspülung keine Spartaste eingebaut ist und so jedes Mal bei der Toilettenbenutzung ein ganzer Wasserkasten voll Wasser verbraucht wird, oder, oder, oder.

Schon gewusst?
Ein tropfender Wasserhahn verbraucht am Tag mehr als 200 Liter Trinkwasser und für jede Toilettenspülung werden ca. 10 Liter Trinkwasser benötigt.

Nun machen sich die Wasserdetektive auf den Weg. Ihr Ziel ist es, möglichst viel Wasser zu sparen. Gemeinsam wird daher der Kindergarten untersucht: Wo befinden sich tropfende Wasserhähne? Haben die Toilettenkästen eine Spartaste? Machen wir beim Zähneputzen zwischendurch den Wasserhahn aus?
Aber auch draußen kann danach geschaut werden, in welchem Umfang welches Wasser benutzt wird: Gibt es eine Regenwassertonne auf dem Außengelände, aus der die Blumen gegossen werden können oder aus der die Kinder das Wasser für die „Matschspiele" nehmen können? Vielleicht verfügt der Kindergarten sogar über einen Pumpenanschluss?

Wasser filtern

In der Auseinandersetzung mit dem Themenbereich „Grundwasser" und „Grundwasserverschmutzung" kann gemeinsam mit den Kindern überlegt werden, wie es zu Grundwasserverschmutzungen kommt: z. B. durch Abfälle auf den Straßen, die vom Regenwasser aufgelöst werden und so in den Boden gelangen, durch Chemikalien, die in das Grundwasser sickern oder auch in die Meere und Flüsse geleitet werden, durch Staub und Abgase in der Luft, die vom Regen aufgenommen werden und so in das Grundwasser gelangen.
Als nächstes setzen sich die Kinder damit auseinander, wie das verschmutzte Wasser wieder gereinigt werden kann – zur Verdeutlichung können die Kinder selbst eine Wasserfilteranlage bauen.

Tipp
Gemeinsam mit den Kindern kann eine Kläranlage besichtigt werden.

Dazu werden fünf gleich große Blumentöpfe (mit Bodenloch) übereinander gestapelt. In den Blumentöpfen befinden sich jeweils unterschiedliche Materialien: der unterste Topf enthält auf dem Boden ein entsprechend zugeschnittenes Stück Filterpapier, der darüber stehende Topf ist mit Aktivkohle ausgelegt, im dritten Topf befindet sich eine Schicht Sand, der Topf darüber enthält eine Schicht feinen Kies und in den obersten Topf werden kleine Kieselsteine gelegt. Schmutzwasser aus einem Eimer wird nun langsam in den obersten Blumentopf gegossen, das Ergebnis wird unter dem letzten Blumentopf in einem Glasgefäß aufgefangen.

Material
Fünf gleich große Blumentöpfe, ein Glasgefäß, Filterpapier, Aktivkohle (z. B. aus der Drogerie), Sand, Kies, Kieselsteine.

Der Wassertropfen auf Max Fahrradsattel hat viele Dinge von seinem spannenden Leben berichtet. Seine Fähigkeit, sich zu verwandeln – mal hier auf der Erde zu verweilen und mal zusammen mit vielen anderen Kameraden hoch in den Wolken zu schweben – ermöglichte erste Einblick in den Wasserkreislauf. Viele spannende Themen rund um das Wasser konnten erforscht werden, aber wir haben noch lange nicht alle Geheimnisse des Wassers gelüftet.

Abb. 24 Max hört gebannt zu

5 Das kleine Bakterium

5.1 Anliegen des Märchens

Das kleine Bakterium hatte ein ruhiges Leben. Es war dafür zuständig, sich um die Verdauung zu kümmern. Doch eines Tages wurde es von einer roten Flüssigkeit mitgerissen und so begann eine interessante und abenteuerliche Reise. Es gelangte zur Lunge, zum Herz und sogar bis hinauf ins Gehirn. So lernte es viel über das Blut, die Atmung und über verschiedene Eigenschaften der Organe kennen. Auch über die Nerven, die als Boten wichtige Informationen weitergeben, erfuhr es interessante Dinge. Soviel zu lernen und zu erfahren machte das kleine Bakterium aber auch ziemlich müde und daher war es ganz froh, am Ende wieder in seine Höhle zurückzukommen.

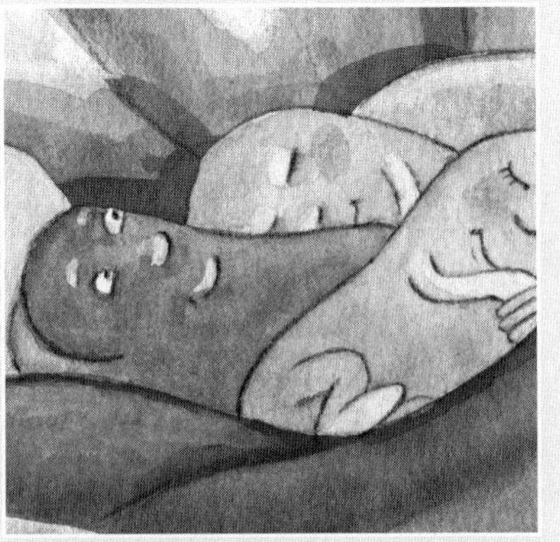

Abb. 25 Das kleine Bakterium in seiner Höhle

Das Märchen vom kleinen Bakterium lädt die Kinder dazu ein, sich mit ihrem Körper bewusst auseinanderzusetzen. Es vermittelt sowohl interessante als auch wichtige Informationen über das Innenleben des Körpers mit all seinen Organen und gewährt damit Einblick in einen Bereich, den die Kinder überwiegend über ihre „innere Körperwahrnehmung" erleben: ich bin so schnell gelaufen – mein Herz schlägt ganz doll, ich habe so viel gegessen – mein Bauch drückt tüchtig …
Eine andere, meist eher unschöne Möglichkeit, Einblicke in das Innere des Körpers zu erhalten, gibt es, wenn Kinder sich verletzen: der Schnitt mit dem Messer war so tief, dass der Finger blutet, der Fahrradsturz hat das Knie verletzt, durch den Stoß an der Tür ist nun ein blauer Fleck am Arm entstanden …
Ein Einstieg in das Innere des Körpers kann zunächst durch die Betrachtung unseres Körpers, auch im Vergleich mit dem Körper meines Gegenübers, und der Auseinandersetzung mit den verschiedenen Sinneswahrnehmungen erfolgen.
Für die Arbeit mit dem Märchen liegt der inhaltliche Schwerpunkt aller angesprochenen Bildungsbereiche in den Auseinandersetzungen mit den Sinneswahrnehmungen, der sich dadurch entwickelnden Körperwahrnehmung sowie der Selbst- und Fremdwahrnehmung. Zusätzlich werden Aspekte der Gesundheitserziehung angesprochen.

5.2 Einstieg in das Thema

Vorbereitung auf das Märchen

Zur Vorbereitung auf das Märchen hat die Erzieherin mit den Kindern bereits einige Aktivitäten im Wahrnehmungsbereich durchgeführt (vgl. Naturwissenschaften – Biologie/Sinneswahrnehmung, S. 53 und Bewegung, S. 58). Im Verlauf der Auseinandersetzungen ist dadurch die Möglichkeit entstanden, auch intensiver auf das Innere des Körpers einzugehen. Unter Umständen erleichtern Schaubilder vom Körper und Körperinnern (z. B. Plakate vom Kinderarzt oder anderes Bildmaterial aus kindgerechten Sachbüchern) den anschließenden Einstieg in das Märchen.

Die Märchenstunde

Die Erzieherin hat das Märchen vom kleinen Bakterium vorbereitet. Sie kennt es so gut, dass sie es den Kindern sicher vorlesen, beziehungsweise ohne Textvorlage erzählen kann (da das Märchen etwas länger ist, kann es notwendig sein, es zu Beginn mit entsprechender Bildunterstützung vorzulesen). Die dem Märchen

beigefügten Erklärungen sind der Erzieherin ebenfalls bekannt, so dass sie sie gegebenenfalls für nähere Erläuterungen nutzen kann.
Die Kindergruppe trifft sich zur „Märchenstunde". Die Erzieherin bittet die Kinder zunächst, sich einen gemütlichen Platz zu suchen, von dem aus sie die Erzieherin gut sehen können.
Zum Einstieg zeigt sie den Kindern die Bilderbuchseite, auf der das kleine Bakterium geborgen und zufrieden in seiner Höhle liegt. Bevor sie das Märchen erzählt, können gemeinsam mit den Kindern Vermutungen angestellt werden:

- Was sind das wohl für Wesen in der Höhle?
- Wo könnte die Höhle sich befinden?

Zur Veranschaulichung kann entsprechendes Bildmaterial herangezogen werden.
Für das weitere Vorgehen bietet es sich an, das Märchen zunächst komplett unter Einbezug der sechs Bilder zu erzählen/vorzulesen, um dann in weiteren Märchenstunden einzelne Inhalte näher zu beleuchten.
Im Anschluss an das Märchen können folgende Fragen dazu beitragen, den aktuellen Wissensstand der Kinder zu ermitteln:

- Wo sitzen das Herz, die Lunge und das Gehirn?
- Was machen die Organe und wozu sind sie wichtig?
- Wie sehen sie wohl aus?
- Was sind Bakterien?

Ausreichend Zeit für Bemerkungen und Kommentare der Kinder ist unbedingt einzuplanen, damit die Kinder einerseits eigenes Wissen zu den Themen Körper und Bakterien einbringen können (z. B. kennen Kinder häufig das Wort Bakterium nur im Zusammenhang mit Krankheiten) und die Erzieherin andererseits sensibel auf das Wissen der Kinder eingehen kann (insbesondere bezogen auf Bakterien ist es unerlässlich darauf hinzuweisen, dass jeder Mensch auch nützliche Bakterien in sich trägt, die für die Gesundheit notwendig sind – von solch einem Bakterium handelt das Märchen).
Grundlegend ist den Kindern ein positiver, angstfreier Zugang zu ihrem Innenleben zu vermitteln. In dem Märchen wird die Reise durch den Körper als Abenteuer erlebt, bei dem man viel Interessantes und Wissenswertes erfährt und zur weiteren Erforschung motiviert wird.

5.3 Umsetzung des Märchens

5.3.1 Naturwissenschaften – Biologie/Sinneswahrnehmungen

Was lernen Kinder dabei? Aspekte naturwissenschaftlicher Bildung

Wahrnehmen ist ein aktiver Prozess. Unsere Fähigkeit zur Wahrnehmung bildet das Bindeglied zwischen außen und innen – zwischen Umwelt und Körper.
Durch die verschiedenen Sinnesbereiche werden Außeninformationen wahrgenommen, bewertet und zu inneren Bildern verarbeitet.
Das intensive Erforschen von Materialien und das Erkunden mit allen Sinnen setzten kognitive Verarbeitungsprozesse in Gang, die das jeweilige Wissen über die Außenwelt erweitern.
Demgegenüber haben sehr viele Kinder jedoch nur diffuse Vorstellungen von dem Aufbau und der Funktionsweise ihres Körpers. Das Wort „Blut" wird teilweise mit Schrecken genannt. Herz, Lunge und Gehirn sind oft bedeutungslose Bezeichnungen, über die kaum zu Hause oder in den Einrichtungen fachspezifisch gesprochen wird. Dabei ist der Blick in das Innere mindestens genauso, wenn nicht noch viel spannender als die Betrachtung unserer äußeren Gestalt.

Lernziele:

- Kennen- und Erfahrenlernen der unterschiedlichen Wahrnehmungsbereiche;
- durch selbsttätiges Experimentieren und Beobachten erste Einblicke in die inneren Funktionen unseres Körpers erhalten;
- Beobachtungsergebnisse in einem „Forscherbuch" dokumentieren können.

Praxisbeispiele

Wahrnehmung mit allen Sinnen

Fühlen und Tasten – taktile Wahrnehmung

- Jedes Kind sucht sich einen Partner, mit dem es einen gemütlichen Platz wählt. Die Kinder setzen sich gegenüber, ein Kind schließt die Augen und gibt seinem Gegenüber seine Hand zur Handmassage. Es wird geknetet, gedrückt, leicht gestreichelt und gerieben. Nach einer Weile wird gewechselt, nun lässt sich der Partner angenehm massieren. Anschließend berichten alle darüber, was sie gespürt haben, was angenehm/unangenehm war, wie sich die Hände bei der Handinnenfläche, den Nägeln oder dem Handrücken anfühlen.
- Ein Kind kehrt dem anderen den Rücken zu. Auf den Rücken wird ein Bild (z. B. eine Sonne) mit den Fingern gezeichnet. Wer errät die Botschaft, die auf dem Rücken erspürt wurde?
- Ein Kind legt sich ganz gemütlich auf den Bauch. Das zweite Kind sitzt neben ihm und darf es anhand einer Geschichte, die durch die Erzieherin erzählt wird, verwöhnen. Es streicht z. B. über den Rücken wie wärmende Sonnenstrahlen und es cremt symbolisch zum Sonnenschutz ein. Doch dann fängt es an zu tröpfeln und die Fingerspitzen trommeln immer heftiger, bis zum Prasselregen. Die Gewitterwolken verziehen sich (Streichen der Hände) und die wärmende Sonne kommt wieder zum Vorschein.
- In einen Stoffsack werden verschiedene Dinge gelegt: Watte, Fellreste, Steine, Murmeln, Bauklötze ... Die Kinder ertasten und erraten die Gegenstände.
- Man kann nicht nur mit den Händen tasten, sondern auch mit den Füßen. Am Besten wird im Freien ein Tastparcours zusammen mit den Kindern aufgebaut. Entlang einer Wegstrecke wird im Abstand von ca. 1 m unterschiedlicher Bodenbelag ausgelegt: Tannenzapfen, Sand, kleine Kieselsteinchen, Moos ... Die Kinder gehen über den Tastweg und teilen anschließend ihre Erfahrungen mit. Wer sich traut, kann dies auch mit verbundenen Augen tun.

Abb. 26 Fühlen mit den Füßen

■ Schmecken – gustatorische Wahrnehmung

- In kleinen Töpfchen befinden sich Zucker, Salz, Zitronensaft, Mandeln ... nacheinander probieren die Kinder die verschiedenen Geschmacksvariationen.
- Verschiedene Säfte (z. B. Möhre, Apfel, Orange, etc.) werden von den Kindern selbst hergestellt und anschließend probiert. Die Kinder können sich darüber austauschen, ob die Säfte süß oder sauer schmecken.
- Verschiedene, von den Kindern als „süß" bezeichnete Lebensmittel werden nacheinander probiert – wie süß ist der Apfel, wenn er nach einem Kirschjoghurt gegessen wird?
- Gemeinsam mit den Kindern werden z. B. Brot oder Kekse gebacken. Der Duft der hergestellten Lebensmittel durchzieht meist den ganzen Kindergarten.

Hinweis
Wie schmeckt denn gelb oder rot? Wir assoziieren mit Farben oft auch Geschmacksinhalte. Bei Gelb denken wir vielleicht an eine Zitrone und ein saurer Geschmack stellt sich ein. Bei Rot ist es vielleicht die süße saftige Erdbeere.

Tipp
Anstelle der täglichen Brotzeit kann ab und zu ein kaltes Büfett mit bunten und gesunden Lebensmitteln aufgebaut werden.

■ Riechen – olfaktorische Wahrnehmung

- Im Gruppenraum wird eine deutliche, angenehme Duftquelle versteckt. Die Kinder sollen sie mittels Riechen finden.
- Duftmemory: in jeweils zwei Filmdöschen werden auf einen Wattebausch gleiche Gerüche aufgetragen (Zitrone, Parfüm, Pfefferminze, etc). Die Kinder spielen nach dem Memoryprinzip. Zuerst wird eine Dose geöffnet und berochen, anschließend wird die dazugehörige Dose gesucht.
- Nach dem Vorbild eines Tastgartens, kann ein Geruchsgarten mit unterschiedlich duftenden Kräutern, Lavendel und Blumen angelegt werden.
- Mit der Nase durch den Wald: bei einem Spaziergang im Wald kann man nicht nur tolles entdecken, sondern auch „erriechen": Rinde, Harz, Walderde, Moos...

Hinweis
Geschmacks- und Geruchssinn arbeiten oft zusammen. Der scheußliche Gestank von altem Fett steigt uns in die Nase und sofort schmecken wir es auf unserer Zunge. Oder bei einer Erkältung mit Schnupfen ist der Geruchssinn beeinträchtigt und wir schmecken meist auch nichts

■ Gleichgewicht – vestibuläre Wahrnehmung

- Den Kindern werden vielfältige Gelegenheiten zu unterschiedlichen Rotationsbewegungen des eigenen Körpers angeboten: schaukeln, sich mit der Schaukel „eindrehen", im Sand kullern, einen Berg hinunterkullern, sich auf der Stelle drehen, wippen, balancieren ...
- Der Einsatz unterschiedlicher Materialien regt die Kinder dazu an, sich mit vestibulären Erfahrungen auseinander zu setzen: z. B. von der Decke herabhängende Seile, Sitz-Drehkreisel, Hängematten, Röhrentunnel, Wackelbretter, Schwebebalken, Pedalos ...
- Im Bewegungsraum wird eine Landschaft aufgebaut, in der die Kinder z. B. „wie im Dschungel" auf Entdeckungsreise gehen können: Hängebrücken, Sumpf (dicke Matten), Kästen in unterschiedlichen Höhen, Lianen (Seile) ...
- Die Kinder balancieren aus zwei Richtungen kommend gleichzeitig über eine Langbank. In der Mitte müssen sie aneinander vorbeikommen, ohne hinunterzufallen.

■ Anspannung und Entspannung, Druck und Gegendruck, Muskelkraft in der eigenen Bewegung – kinästhetische Wahrnehmung

- Marionettenbewegungen: die Kinder bewegen sich abgehackt, so als würden ihre Gliedmaßen an Fäden hängen, durch den Gruppenraum (Variante: sich wie in Zeitlupe bewegen).
- Die Kinder bewegen sich nach Musik im Raum. Wenn die Musik verstummt, bleiben alle wie versteinert stehen.

Tipp
Das Spiel „1, 2, 3 Berliner Schritt" eignet sich gut für den Außenbereich oder eine größere Halle.

- Einsatz der eigenen Muskelkraft: Stangen zum Hangeln und Klettern, Sprossenwände oder Taue sind nur einige der Angebote, die den Kindern zur Verfügung gestellt werden können.

Hören – auditive Wahrnehmung

- Hörmemory: Filmdöschen werden mit Materialien befüllt, die unterschiedliche Geräusche machen. In jeweils zwei Filmdöschen befindet sich das gleiche Material. Die Kinder sollen nun durch Schütteln die zusammengehörenden Paare finden.
- Richtungshören: Die Kinder liegen entspannt am Boden und lauschen den Geräuschen der Umgebung. Die Erzieherin macht nun an verschiedenen Stellen des Raumes Geräusche mit einer Triangel, einem Glöckchen oder einer Rassel. Welches der Kinder konnte die Geräusche lokalisieren?
- Richtungshören: Mit verbundenen Augen bewegt ein Kind sich von einem Ende des Gruppenraumes zum anderen Ende. Der Zielpunkt wird durch das Geräusch einer läutenden Glocke vorgegeben.
- Geräusche unterscheiden: Die Kinder schließen die Augen. Ein Kind erzeugt verschiedene Geräusche, wie z. B. das Öffnen des Fensters, das Verschieben eines Stuhls oder das Aufdrehen eines Wasserhahns, die von den anderen erraten werden müssen.
- Geräuschegeschichten: Die Geschichte vom kleinen Bakterium wird mit Musikinstrumenten untermalt. Wie hört sich wohl das Gehirn mit all seinen Gedanken und Informationen an?

Sehen – visuelle Wahrnehmung

Das Auge ist das wichtigste menschliche Informationsorgan. Das Sehen ist die Grundvoraussetzung sowohl der optischen Wahrnehmung der Welt, als auch der Bewegungskoordination.

- Optische Zielverfolgung: Jedes Kind rollt einen Ball in den Raum und verfolgt ihn mit den Augen, es weist in die Richtung und darf dann losrennen, um ihn zu holen, wenn er ganz zum Stillstand gekommen ist.
- Farbenspiele: Jedes Kind sucht sich ein Tuch mit seiner Lieblingsfarbe. Auf ein Signal hin werden nun unterschiedliche Dinge mit der gleichen Farbe gesucht.
- Kimspiele: Verschiedene Gegenstände werden auf einem Tisch ausgelegt und von den Kindern betrachtet. Anschließend schließen die Kinder die Augen. Ein Gegenstand wird entfernt, bzw. an einen anderen Platz gelegt. Können die Kinder erraten, um welchen Gegenstand es sich handelt?
- Blinzeln: Die Kinder sitzen im Kreis und werden so aufgeteilt, dass jeweils ein Kind auf einem Stuhl sitzt und ein zweites Kind hinter dem Stuhl steht. Ein Stuhl bleibt frei. Das hinter dem leeren Stuhl stehende Kind blinzelt nun einem sitzenden Kind zu. Dieses muss versuchen, auf den freien Stuhl zu gelangen. Das hinter ihm stehende Kind darf es durch Festhalten daran hindern.
- Optische Täuschungen: Die Kinder schauen mit einem Auge durch eine Röhre (z. B. das Innere einer Klarsichtrolle) und halten eine Hand mit der Innenfläche zum Gesicht neben die Rolle. Etwas austaxiert, erscheint in der Größe des Durchmessers der Röhre ein „Loch“ in der Hand.

Abb. 27 Ein Loch in der Hand

Reise in den Körper

- Unsere Atmung: Die Kinder liegen bequem auf dem Boden. Sie legen eine Hand (oder auch ein kleines Kuscheltier) auf ihren Brustkorb und atmen dann tief ein und aus. Der Brustkorb hebt und senkt sich.

Warum ist das so?
Beim Einatmen sammelt sich die Atemluft in den Lungen. Sie nehmen den Sauerstoff aus der Atemluft heraus und verteilen ihn über die Blutkörperchen im ganzen Körper. Die sauerstoffarme, verbrauchte Atemluft wird beim Ausatmen wieder aus dem Körper herausgelassen.

- Dem Herzschlag auf der Spur: mit einem Stethoskop lauschen die Kinder dem Herzschlag. Welches Geräusch macht das Herz, wenn es schlägt?

Warum ist das so?
Unser Körper benötigt an allen Stellen Sauerstoff und Nährstoffe. Das Herz arbeitet wie eine niemals ruhende Pumpe. Es befördert mit jedem Herzschlag das Blut durch den ganzen Körper und verteilt damit Sauerstoff (aus den Lungen) und Nährstoffe (aus dem Darm) überall dorthin, wo sie gebraucht werden.

- „Muskelprotz": Die Kinder legen eine Hand auf die Innenseite ihres Oberarms. Anschließend strecken und beugen sie den Unterarm. Bei jeder Beugung des Unterarms entsteht am Oberarm ein kleiner harter „Huckel".

Warum ist das so?
Unsere Knochen sind durch Sehnen mit Muskeln verbunden. Sie sorgen dafür, dass die Knochen sich bewegen können. Viele Muskeln gibt es paarweise. Je nach Bewegung schwillt ein Muskel an, der andere hingegen bleibt flach.

- Wie viele Knochen spürst Du? In unserem Körper befinden sich etwas mehr als 200 Knochen – allein in einem Finger gibt es schon drei Knochen. Ein Schaubild vom menschlichen Knochengerüst kann die Kinder dabei unterstützen, sich auf die Suche nach ganz bestimmten Knochen in ihrem Körper zu machen.

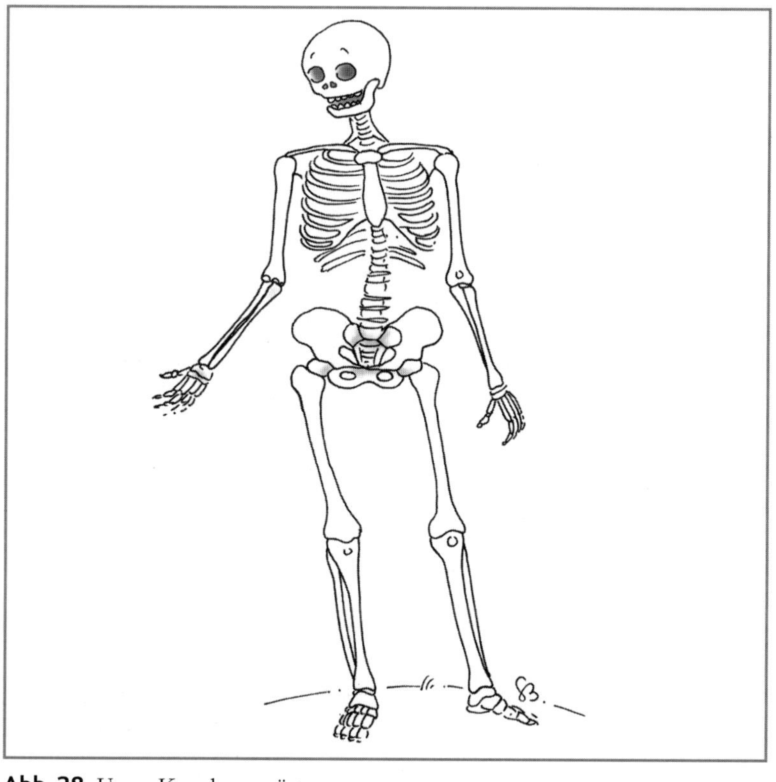

Abb. 28 Unser Knochengerüst

- Das Gehirn – unsere Schaltzentrale: egal, ob wir singen, laufen, malen, schlafen, essen, lachen, usw. – immer ist das Gehirn beteiligt. Die Kinder erstellen gemeinsam mit der Erzieherin eine Liste mit all den Dingen, für die sie das Gehirn brauchen. Anschließend können sie z. B. eine Collage anfertigen.

Tipp
Machen Sie mit den Kindern eine meditative Reise durch den Körper. Lassen Sie die Kinder dafür bewusst in die verschiedenen Körperteile hineinatmen.

Tipp
Nutzen Sie das Stethoskop, um weitere Körpergeräusche mit den Kindern zu erkunden: kann man den Weg der Flüssigkeitsaufnahme durch den Körper verfolgen, was kann man im Magen hören, etc.

Hinweis
Der Einsatz entsprechender Kindersachbücher, Puzzle oder auch Spiele zum Thema „Körper" ermöglicht den Kindern einen tieferen Blick in das Innere ihres Körpers. Vorgänge, die im Körper ablaufen oder auch spezifische Begriffe von Körperteilen oder Organen, können so anschaulich dargestellt werden.

Warum ist das so?
Unser Körper ist nicht nur mit Blutbahnen, den Arterien und Venen, sondern auch mit Nervenbahnen durchzogen. Durch die Nervenbahnen gelangen über Neuronen Botschaften an jeden Teil des Körpers. Informationen von einzelnen Körperteilen werden durch sie an das Gehirn weitergegeben, wo sie verarbeitet werden. Die „Antworten" des Gehirns werden durch die Neuronen wieder zurückvermittelt: Wenn wir beim Fahrradfahren z. B. ein Hindernis sehen, melden Nervenzellen über das Auge diese Information an das Gehirn weiter. Das Gehirn gibt dann an die Beine das Kommando „bremsen" – so kann ein Unfall vermieden werden.

- Der Fuchs geht um: Die Kinder sitzen mit geschlossenen Augen im Kreis. Ein Kind geht wie beim Spiel „Der Fuchs geht um", um die Kinder herum. Es tippt dabei z. B. einem Kind auf die Schulter, zieht einem anderen leicht an den Haaren, flüstert einem anderen Kind Geheimnisse ins Ohr. Auf ein Signal hin öffnen alle die Augen und berichten von den erhaltenen Informationen.

- Gedankenraten: Mit den Worten „Ich denke gerade an ..." sollen durch die Beschreibungen die Gedanken des anderen erraten werden (z. B. ich denke gerade an etwas, das vier Beine hat, klein oder groß sein kann, gerne spazieren geht und sich manchmal ganz weich und kuschelig anfühlt).

5.3.2 Wahrnehmung mit und über die Bewegung

Was lernen die Kinder dabei? Bildungsaspekte der Bewegungserziehung

Das Kind gewinnt in den ersten Jahren ein Bild von seiner Person über die Wahrnehmung seines Körpers. Das Körpergefühl wird zum Selbstwertgefühl, wenn das Kind die Möglichkeit erhält, sich und seine Umwelt eigenaktiv zu erkunden. Es erfährt, was es kann und was es nicht kann und es misst sich an Erfolgen und Misserfolgen. Durch Bewegung erfahren Kinder ihre eigene Leistungsfähigkeit. Ihre Selbstständigkeit wird durch motorische Erfahrungen und Handlungen geprägt und entwickelt.

> **!** **Tipp**
> Ähnlich wie bei den Scharadespielen, gehen einige Kinder mit der Erzieherin aus dem Raum. Sie sollen später durch Mimik und Gestik verschiedene Gefühle ausdrücken

Praxisbeispiele

Ich bewege mich

Im Bewegungsraum wird ein großer Spiegel aufgestellt.
Jedes Kind darf sich eine Bewegung ausdenken und diese vor dem Spiegel vorführen (z. B. hüpfen, die Arme schwingen, mit den Händen boxen, die Nase rümpfen, zwinkern...). Anhand des Spiegels können die Kinder selbst überprüfen, was sich alles an ihrem Körper bewegen lässt.
Im Anschluss daran wird die Beweglichkeit genauer untersucht: die Kinder beginnen mit den Zehen und schauen, wie weit sich diese bewegen lassen. Fußgelenk, Knie, Po, Bauch, Arme und alle Muskeln des Kopfes werden bewegt. Die Kinder erfahren, dass einige Bewegungen isoliert voneinander ausführt werden können, bei anderen Bewegungen – wie z. B. Kreisen der Hüfte – bewegen sich weitere Körperteile mit.
Auch die Qualität der Bewegung kann erforscht werden: schnell oder langsam, leise oder laut, mit hohem oder niedrigem Muskeltonus.

> **!** **Tipp**
> Der Einsatz von verschiedenen Bewegungsliedern motiviert Kinder, unterschiedliche Bewegungen auszuprobieren. Dies ist insbesondere der Fall, wenn innerhalb der Liederstrophen Steigerungen, z. B. in der Bewegungsschnelligkeit, vorgesehen sind.

Bewegte Geschichten

Das großräumige Nachspielen des Märchens vom kleinen Bakterium unterstützt ebenfalls die Bewegungsentwicklung der Kinder. Gemeinsam mit den Kindern kann überlegt werden, wie eine Bewegungslandschaft gestaltet sein muss. Anhand gezielter Fragen können Materialien für bestimmte Sequenzen ausgewählt werden, dabei sind der Fantasie keine Grenzen gesetzt:

- Wie sieht wohl die Höhle aus, in der das kleine Bakterium zuerst ist? (z. B. Weichbodenmatte, Schwungtuch oder viele kleine Tücher...)
- Können wir den Strom darstellen, mit dem das kleine Bakterium fortgerissen wird? (z. B. schräge Ebene mit dicker Weichbodenmatte oder Langbank, Kriechtunnel ...)
- Habt ihr eine Idee, wie wir die Venen und Arterien darstellen können? (Viele Seile auf dem Boden ...)
- Was könnten wir für die Zähne benutzen? (Evtl. Laufdollies ...)

Je nach Größe des Bewegungsraumes und Begeisterungsfähigkeit der Kinder kann eine entsprechende Bewegungslandschaft gestaltet werden. Es ist allerdings wichtig darauf zu achten, dass den Kindern im Anschluss an die Gestaltung genügend Zeit zum Ausprobieren bleibt.

Ich werde bewegt

Die Kinder haben bereits erfahren, dass sie sich auf verschiedene Art und Weise fortbewegen können, sie können aber auch bewegt werden:

- Die Kinder gehen zu zweit zusammen.
- Sie setzen sich an den Händen haltend gegenüber und ziehen sich abwechselnd zum Stand in die Höhe.
- Sie drücken sich Rücken an Rücken sitzend zum Stand hoch.
- Sie ziehen sich auf einer Rutschunterlage abwechselnd durch den Raum.
- Sie rollen das jeweils andere Kind vorsichtig durch den Raum.

Viele Interaktionsspiele bieten die Möglichkeit, Übungen zur Körperwahrnehmung im Sinne einer bewussten Auseinandersetzung mit sich und den anderen in die Bewegungsangebote zu integrieren. Die Kinder lernen so, vorsichtig und spielerisch kreativ mit dem Körper des Partners umzugehen.

Paketpackspiel

Ein Kind ist das Paket, es liegt mit offen Armen und Beinen auf dem Rücken, neben ihm sitzt ein zweites Kind. Die Erzieherin erzählt eine Geschichte, in der z. B. die Oma Geburtstag hat. Sie soll ein mit Geschenken vollgepacktes Paket erhalten. Vorsichtig packen die sitzenden Kinder symbolisch verschiedene „Geschenke" in das Paket – auf den Bauch des liegenden Kindes. Anschließend wird das Paket geschlossen (die Arme werden über dem Bauch verschränkt und die Beine an den Körper gezogen) und angedeutet fest verschnürt. Leicht durchgerüttelt wird das Paket zur Post gebracht. Die Oma freut sich, als das Paket ankommt, reißt die Schnur auf, öffnet es und entnimmt mit Kitzeln, die „Geschenke".

Bildhauer

Diese Übung erfordert viel Konzentration und eine gute Körperwahrnehmung. In jeder Kleingruppe befinden sich drei Kinder: das Modell, der Bildhauer und die „Modelliermasse". Das Modell nimmt nun eine Pose ein, in der es längere Zeit verharren kann. Der Bildhauer schaut sich nun sein Original genau an, um es mit der „Modelliermasse" getreu nachbilden zu können. Anschließend wird gewechselt.

> **!** **Tipp**
> Diese Übung kann auch mit geschlossenen Augen durchgeführt werden. Der Bildhauer tastet nun sein Modell ab, ohne es zu sehen und versucht es dann nachzubilden.

Autofahrt

Zwei Kinder sitzen hintereinander, das erste im Schoß des zweiten. Es beginnt eine unterhaltsame Autofahrt: das hintere Kind betätigt die Arme, Schultern und den Rumpf des vorderen Kindes als Armaturenbrett und Lenkrad. Es wird scharf gebremst und beide beugen sich zuerst nach vorne und dann nach hinten, viele Kurven werden durchfahren etc. Nach einer turbulenten Fahrt wird vorsichtig abgebremst und das Auto kommt zum Stehen.

5.3.3 Soziales Lernen – Selbst- und Fremdwahrnehmung

Was lernen die Kinder dabei? Bildungsaspekte der Sozialerziehung

Lernen und Denken, Intelligenz und Kreativität sind nicht nur Prozessabläufe in unserem Gehirn, sondern des ganzen Körpers. Die Integration aller Sinne in unser tägliches Erleben, die damit verbundenen Körpererfahrungen und Körperwahrnehmungen sind immer auch Selbsterfahrungen. Auf der Basis von Wahrnehmung und Emotion findet das Lernen und Sich-weiter-entwickeln statt. Durch die Eigen- und Fremdbetrachtung wird die Wahrnehmung der Kinder geschult. Sie lernen, zwischen veränderbaren Merkmalen eines Menschen wie z. B. Kleidung, und unveränderbaren Merkmalen, z. B. individueller Körpermerkmale wie Handinnenflächen oder Narben, zu unterscheiden. Sich wahrnehmen heißt, sich seiner Einmaligkeit bewusst zu werden, sich aber gleichzeitig auch einer Gruppe zugehörig zu fühlen.
Ein weiterer Aspekt der Selbst- und Fremdwahrnehmung ist die Wahrnehmung der Gefühle. Wie wir uns fühlen wird ebenfalls durch Körperhaltung und Bewegung sichtbar. Ob wir wütend oder fröhlich sind, uns hungrig oder müde fühlen – unser Körper sendet entsprechende Signale, die von uns selbst und unserer Umwelt wahrgenommen werden.

Praxisbeispiele

Spieglein, Spieglein an der Wand

Die Erzieherin hat für den Gesprächskreis einen großen Wandspiegel mitgebracht. Nacheinander betrachten sich die Kinder im Spiegel, schneiden Grimassen oder versuchen, ein besonders glückliches, wütendes, müdes Gesicht etc. zu machen. Anschließend fordert die Erzieherin die Kinder auf, sich langsam im Raum zu bewegen. Auf ein Signal hin sollen sich z. B. alle Kinder, die einen blauen, gelben, roten etc. Pullover tragen, zusammenfinden. Nun wird sowohl anhand des Spiegels, als auch durch gegenseitige Beobachtung die jeweilige Zusammenstellung kontrolliert.
Dann geht es weiter: alle Kinder mit gleicher Haarfarbe, Augenfarbe, alle Mädchen, alle Jungen ...
Nachdem das Spiel beendet wurde, dürfen die Kinder erzählen, was sie noch über ihr Erscheinungsbild wissen.

Originalgetreues Selbstbild

Zunächst erzählen die Kinder, was sie bereits von sich und ihrem Aussehen wissen. Anschließend legt sich jedes Kind auf ein entsprechend großes, mit Klebeband am Boden befestigtes Papier und wird in seinen Körperumrissen nachge-

Material
Große Papierrollen (z. B. Zeitungspapierrollen), dicke Stifte, Spiegel, Klebeband.

zeichnet. Die Kinder beginnen nun, entsprechend ihrer aktuellen Kleidung, den Körperumriss zu gestalten. Zur Überprüfung individueller Merkmale, wie z. B. Augenfarbe, Haarfarbe, etc. wird ein Spiegel zur Verfügung gestellt.

Detektivspiel

Im Spiel sind vier Kinder aus der Gruppe verschwunden. Zusammen mit der Erzieherin der Nachbargruppe legen sie im ganzen Kindergarten Indizien aus (z. B. der Haarfarbe entsprechende Wolle, bunte Kugeln in der Farbe der Augen, Hinweise zur Kleidung, auf das Geschlecht des Kindes oder die Kindergartentasche), die zur Auffindung dienen sollen. Die restlichen Kinder der Gruppe machen sich auf die Suche nach den verschwundenen Kindern. Zuvor wurde darüber gesprochen, wer denn fehle, welche Kleidung getragen wurde, oder wer die Haarfarbe des verschwundenen Kindes kenne.

Kerzenbegrüßung

Die Kinder sitzen im Kreis. Eine brennende Kerze wird vorsichtig von Kind zu Kind weitergegeben. Bei der Weitergabe der Kerze betrachtet das „abgebende Kind" das andere Kind sehr genau und sagt, was es denkt, wie dieses Kind sich gerade fühlt („Guten Morgen Marie, ich glaube, du bist heute morgen ganz fröhlich in den Kindergarten gekommen."; „Guten Morgen Jannis, ich denke, du bist heute noch etwas müde.")

5.3.4 Gesundheitserziehung und Gesundheitsvorsorge

Was lernen die Kinder dabei? Bildungsaspekte der Gesundheitserziehung und Gesundheitsvorsorge

Die Gesundheitsvorsorge ist ein wesentlicher Bestandteil der Gesundheitserziehung im Kindergarten. Dieser Bereich umspannt nicht nur die konkrete Auseinandersetzung mit Krankheit und ihrer Vorsorge, sondern integriert das gesamte Spektrum einer gesunden und von Lebensqualität geprägten Lebenseinstellung. Es sensibilisiert die Kinder, auf sich zu achten und Verantwortung ihrem Körper gegenüber zu übernehmen. Ihnen werden erste Maßnahmen zur Selbsthilfe an die Hand gegeben und ihre Wahrnehmung, Gefahrenquellen frühzeitig zu erkennen, geschult.

> **Kooperation mit Fachleuten**
> Um den Kindern Gesundheitsvorsorge nicht nur modellhaft, sondern auch im realistischen Bezug zu vermitteln, ist eine Zusammenarbeit mit Kinderärzten und Fachärzten anzustreben. Nicht nur, um das eigene Wissen der Erzieherinnen zu festigen, sondern auch, um den Kindern Arztbesuche angstfrei zu vermitteln, ist eine enge Kooperation mit Ärzten wünschenswert. Je mehr Einblicke die Kinder in Untersuchungen und Krankheitsvorsorge erhalten haben, desto besser können sie sich auf diese Situationen einstellen und auch ihre Belange artikulieren.

Praxisbeispiele

Wenn ich krank bin

Die Kinder erzählen von ihren Erfahrungen beim Kranksein:
- Was hat wehgetan?
- Gab es weitere Anzeichen/Symptome?
- Musste eine Arznei eingenommen werden?

Zusammen mit den Kindern wird nun eine Hausapotheke für „kleine Unpässlichkeiten" zusammengestellt: es werden gesunde Kräutertees gekauft und zur Probe aufgebrüht; Breitwegerich hilft bei Mückenstichen, Johanniskrautöl bei kleinen Verletzungen.
Selbst gemalte Bilder verdeutlichen die Wirkungsweise und die Handhabung der Apotheke.

„Wehwehchen" und die erste Hilfe

Immer wieder verletzen sich die Kinder beim Spielen und dann ist Trost und Hilfe gefragt. Der Trost kommt in erster Linie von der Erzieherin, aber auch die anderen Kinder spenden Trost.
Gemeinsam mit den Kindern wird für den Kindergartenbereich ein „Notfallkalender" erstellt. Dort werden die ersten Hilfsmaßnahmen bildlich und schriftlich dargestellt, nachdem die Kinder von ihren eigenen Erfahrungen berichtet haben.
Kleine Verletzung am Knie:

1. Trösten, evtl. ein kleines Stofftier zum Trösten bringen oder die Hand festhalten.
2. Wunde genau anschauen, pusten und ein „Gute-Besserung-Lied" singen.

Falls die Wunde größer ist:

3. Wunde säubern,
4. Pflaster holen,
5. Taschentuch für Tränen bringen,
6. ein schönes Buch gemeinsam anschauen …

Organisationen und Verbände bieten teilweise für die älteren Kindergartenkinder „Erste-Hilfe-Kurse" an.

> **Tipp**
> Ein mit den Kindern gemeinsam zusammengestellter Erste-Hilfe-Koffer schärft nicht nur das Bewusstsein für Erste-Hilfe-Maßnahmen, sondern vermittelt den Kindern die Sicherheit, sich und den anderen bei kleinen Notfällen helfen zu können.

Zahnhygiene

Das kleine Bakterium hat Unschönes in der Mundhöhle entdeckt. Anscheinend hat sich dieser Mensch die Zähne nicht richtig geputzt. Im Waschraum schauen sich alle Kinder ihre Zähne genau im Spiegel an. Mit einem kleinen Zahnarztspiegel wird genauer untersucht, was sich denn so alles zwischen den Zähnen verstecken kann. Jedes Kind hat eine eigene Zahnbürste, einen Becher und Zahnpasta mitgebracht. Gemeinsam lernen die Kinder das richtige Zähneputzen. Nach jeder Malzeit gehen alle in den Waschraum und reinigen sich die Zähne.

> **Tipp**
> Zur Zahnhygiene gibt es auch Anschauungsmaterial vom Gesundheitsamt und den Zahnärzten. In einigen Bundesländern kommen Mitarbeiterinnen der Zahnärztekammer in die Kindergärten und vermitteln kindgerecht Wissenswertes zum Thema Zahngesundheit.

Rollenspiele

Viele Kinder haben eine unbegründete Angst vor Ärzten, besonders Zahnärzten. Verschiedene Spielsituationen vom Arztbesuch bis zum Krankenhausspiel können den Kindern Wissen über ihren Körper, aber auch die Vorsorge oder Behandlung von Krankheiten vermitteln, und ihnen die Angst vor dem Arztbesuch nehmen.

Einrichtung eines Krankenzimmers

Bei der Einrichtung eines Krankenzimmers geht es darum, einen Raum bereitzustellen, in den sich die Kinder bei unterschiedlichen Anliegen und Belangen zurückziehen können. Sei es bei psychischen Empfindlichkeiten, bei Müdigkeit und Anspannung, wenn der Kopf schmerzt oder der Magen rebelliert. Die selbst erstellte Hausapotheke, der Erste-Hilfe-Koffer und die „kleinen Trösterchen" finden dort ihren Platz. Der „Kindergarten-Notfallkalender" wird um Notfallrufnummern ergänzt und aufgehängt.

> **Hinweis**
> Bereits Kindergartenkinder können mit der Aufgabe betraut werden, im Notfall Hilfe zu holen. Im Spiel können Situationen erarbeitet werden, die wichtige Schritte zur Hilfeholung einleiten. Notrufnummern können auf großen Tafeln notiert und mit Piktogrammen versehen, bzw. extra gekennzeichnet im Telefon gespeichert werden. Wichtige Informationen über Adresse des Kindergartens und Art des Notfalls können szenisch verbal eingeübt werden.

Sicherheit im Straßenverkehr

Die Verkehrserziehung ist ein wichtiger Aspekt der Gesundheitsvorsorge im Elementarbereich. Schon mit kleinen Kindern können erste Verhaltensregeln im Straßenverkehr eingeübt werden. Ein Fahrparcours mit Bobbycars und Fahrrädern oder Rollern hilft dabei, erste Regeln im Straßenverkehr zu lernen. Vielerorts bietet die Verkehrswacht Kurse für Kinder an. Ausschlaggebend ist aber meist das richtige Vorbildverhalten der Erwachsenen.

Das kleine Bakterium wurde von all den neuen Erfahrungen und Erlebnissen ganz müde und es kehrte in seine vertraute Umgebung zurück, um sich von den Abenteuern zu erholen. Doch es merkte sich alles, was es während der Reise im Inneren des Körpers erfahren durfte. Immer wieder erzählte es seinen Freunden von seinen Abenteuern. Sein neues Wissen hütete es wie einen kostbaren Schatz.

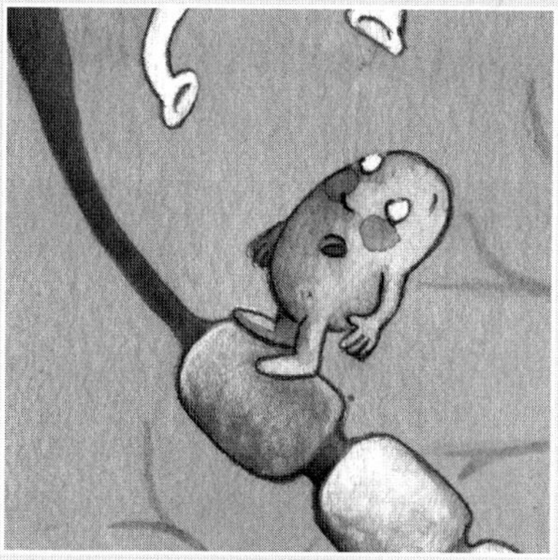

Abb. 29 Das kleine Bakterium beim Neuron

6 Mathilda

6.1 Anliegen des Märchens

In einem kleinen Dorf, am Fuße eines Berges, lebt Mathilda mit ihren Eltern. An ihrem sechsten Geburtstag unternehmen die drei einen Ausflug auf die Märchenwiese, hoch oben am Berg. Nach dem Picknick läuft das Mädchen in den Wald, um Beeren zu sammeln – dies ist der Beginn einer langen und abenteuerlichen Geschichte. Im Wald begegnet Mathilda Elfen. Sie werden ihre besten Freunde und Beschützer, denn ein böser Zauberer hat ihre Eltern in Steine verwandelt. Sie reist mit einem "Wundererz" zu fernen Planeten und besteht die große Gefahr, beinahe in ein schwarzes Loch gezogen zu werden. Glücklicherweise kann sie das erlösende Wasser, das ihre Eltern aus der Versteinerung befreien kann, aus der Lebensquelle zurück auf die Erde bringen. Die Zeitreise hat für Mathilda nur Augenblicke gedauert, doch auf der Erde sind inzwischen 100 Jahre vergangen. Am Ende wird alles wieder gut und Mathilda kann ihre Eltern wohlbehalten in die Arme schließen.

Abb. 30 Mathilda und Elwin

Das Märchen von Mathilda nimmt die Kinder mit in die Welt von Elfen, Zwergen und Zauberern. Mathilda reist zu fremden Planeten mit sehr unterschiedlichen Eigenschaften und sie erlebt gefährliche Situationen, die sie mit Hilfe ihres kleinen Freundes, dem Elfen Elwin, meistert.
In dem Märchen von Mathilda werden typische Märcheninhalte (zauberhafte Wesen, Verwünschungen, große Gefahren und Prüfungen, ein guter Ausgang) mit unterschiedlichen aktuellen Bildungsinhalten verknüpft: neben naturwissenschaftlichen Fragen zu den Themenbereichen Planeten, Schwerkraft und Zeit werden insbesondere Inhalte aus den Bereichen ästhetischer Bildung (beginnende Auseinandersetzung mit Architektur), Sprache, Kommunikation und Literacy (ein Märchen mit verteilten Rollen spielen, Absprachen treffen) sowie soziales Lernen und Werteorientierung (sich gegenseitig helfen, für einen Freund einstehen) angesprochen.

6.2 Einstieg in das Thema

Die Märchenstunde

Die Erzieherin hat das Märchen von Mathilda vorbereitet. Sie kennt es so gut, dass sie es den Kindern sicher vorlesen, beziehungsweise ohne Textvorlage erzählen kann. Die dem Märchen beigefügten Erklärungen sind der Erzieherin ebenfalls bekannt, so dass sie sie gegebenenfalls für nähere Erläuterungen nutzen kann. Die Kindergruppe trifft sich zur „Märchenstunde". Die Erzieherin bittet die Kinder zunächst, sich einen gemütlichen Platz zu suchen, von dem aus sie die Erzieherin gut sehen können.
Zum Einstieg zeigt sie den Kindern die Bilderbuchseite, auf der Mathilda beim Himbeerpflücken von dem Elfen Elwin geneckt wird. Sie lässt die Kinder insbesondere den Elfen genau beschreiben und erkundigt sich, ob die Kinder schon ähnliche Wesen in Büchern gesehen oder von ihnen gehört haben. Die Aussagen und Bemerkungen der Kinder nutzt sie gegebenenfalls zum Einstieg in das Märchen selbst. Der Spannungsbogen des Märchens macht es erforderlich, das gesamte Märchen in einer Märchenstunde zu erzählen/vorzulesen. Im Anschluss daran ist genügend Zeit für weitere Bemerkungen der Kinder einzuplanen.
In weiteren Märchenstunden können beispielsweise die unterschiedlichen Planeten bereist und so Teilaspekte des Märchens hervorgehoben werden.

> **! Tipp**
> Ein großes Schwungtuch kann dafür genutzt werden, sich gemeinsam mit den Kindern auf die Reise zu fernen Planeten zu begeben. Dafür sitzen die Kinder um das Schwungtuch herum und fassen den Rand mit beiden Händen. Gemeinsam sprechen sie den Startspruch: „Knall, knall, knall, wir fliegen jetzt ins All. Der Count-down läuft: 10, 9, 8, …1!" Bei 1 heben alle Kinder und die Erzieherin das Schwungtuch an und krabbeln darunter. Nach einer kurzen „Flugphase" kommen sie dann gemeinsam auf einem Planeten an.

6.3 Umsetzung des Märchens

6.3.1 Naturwissenschaften

Was lernen die Kinder dabei? Aspekte naturwissenschaftlicher Bildung

Mathilda hat ihre Reise zu fernen Planeten begonnen, um ihren Eltern zu helfen. Sie besuchte unterschiedliche Planeten, bei denen die Gesetze der Anziehungskraft andere waren als auf der Erde und sie musste eine Zeitspanne von 100 Jahren überwinden, bevor sie ihre Eltern retten konnte.
Diese Inhalte des Märchens laden dazu ein, sich näher mit dem Universum auseinanderzusetzen, über die Beschaffenheit von Planeten nachzudenken sowie erste naturwissenschaftliche Versuche durchzuführen.

Lernziele:

- wissen, dass es verschiedene Planeten in unserem Sonnensystem gibt;
- Informationen über unterschiedliche Beschaffenheiten von Planeten erhalten;
- sich mit dem Phänomen Zeit auseinandersetzen;
- naturwissenschaftliche Experimente zu den Themenbereichen Schwerkraft und Zeitmessung mit Unterstützung durchführen können;
- Versuchsergebnisse in einem „Forscherbuch" dokumentieren können.

Experimente und Praxisbeispiele zur Schwerkraft

Die Schwerkraft ist ein Naturgesetz mit dem wir täglich umgehen, ohne darüber nachzudenken: alles, was wir loslassen, fällt zu Boden und auch Dinge, die wir hochwerfen, fallen wieder herunter.
Aber was ist die Schwerkraft? Als Schwerkraft wird die Anziehungskraft zweier Körper zueinander unter der Berücksichtigung ihrer jeweiligen Masse verstanden. Sie wird auch Gravitationskraft genannt.

Info
Das Gesetz der Schwerkraft findet sich auch in unserem Sonnensystem wieder: Jeder Himmelskörper übt eine Gravitationskraft aus und unsere riesige Sonne mit ihrer enormen Masse hält die Planeten in einer vorgezeichneten Umlaufbahn fest.

Bau einer Luftrakete

Man bohrt ein Loch in den Deckel einer Plastikflasche und steckt einen Trinkhalm hinein, die verbleibende Öffnung wird mit Knetmasse abgedichtet. Aus einem zweiten Trinkhalm wird eine Rakete gebaut, indem man am unteren Ende zwei Dreiecke für den besseren Flug befestigt. Das obere Ende wird mit Knetmasse zu einer Pfeilspitze geformt. Die Rakete wird nun auf den ersten Trinkhalm gesteckt. Wenn man auf die Flasche drückt schießt die Rakete los.

Material
Weiche Plastikflasche, zwei Plastiktrinkhalme (unterschiedlicher Durchmesser), Knetmasse, Karton.

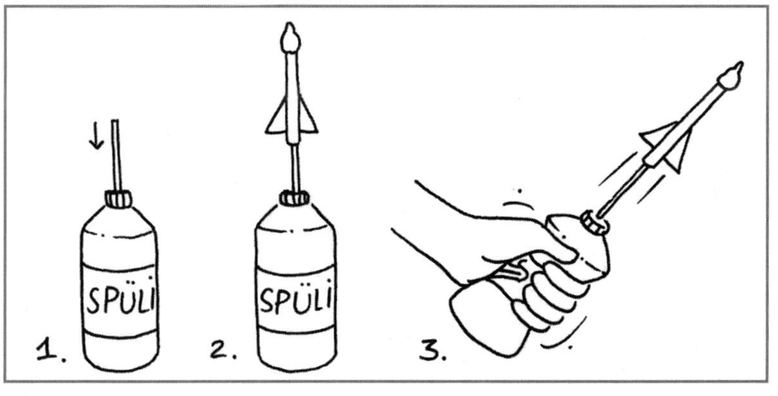

Abb. 31 Bau einer Luftrakete

Warum ist das so?
Durch den Druck auf die Flasche wird die Luft in der Flasche zusammengedrückt (komprimiert), dies ist die Kraft die nun auf die Rakete wirkt und sie aus der Abschussbahn hinauskatapultiert. Nachdem sie eine gewisse Höhe erreicht hat, fällt sie durch die Anziehungskraft der Erde wieder auf den Boden zurück.

Rotierende Kugel

Man legt eine Murmel in ein leeres Wasserglas und hält dies am Boden fest. Anschließend wird das Wasserglas schnell gedreht. Die Murmel rotiert im Glas und bewegt sich an der Wand hoch zum Glasrand. Wenn man weiterdreht fliegt sie im hohen Bogen aus dem Glas heraus.
Dieses Phänomen machen sich auch die Sportler beim Hammerwerfen oder Diskus zu nutze.

> **Material**
> Wasserglas, Murmel.

Warum ist das so?
Ein Gegenstand, der sich schnell dreht, bewegt sich aufgrund seiner Masse nach außen – Zentrifugalkraft. Wenn die Murmel aber das Glas verlässt, wird das Gewicht der Murmel nicht mehr durch die Glaswand aufgehalten – dadurch bewegt sie sich geradlinig wie alle Körper weiter.

Die Kraft der Anziehung

Auf ihrer Reise zu fremden Planeten kam Mathilda sowohl nach Akkaron (Planet der Zwerge) als auch nach Aruga (Planet der Riesen). Auf den jeweiligen Planeten angekommen stellt sie fest, dass es ihr unterschiedlich leicht/schwer fällt, sich auf dem Planeten fortzubewegen.

> **Material**
> Tonpapier, Schere, Büroklammern, Magnet, Papierblätter.

Die Kinder schneiden aus Tonpapier 5–10 unterschiedlich große Männchen aus (da die Männchen stehen sollen, ist an den Füßen eine entsprechende Halterung aus Tonpapier anzubringen). Eine Büroklammer wird jeweils an den Füßen der Männchen befestigt.
Versuchsreihe:

- Das erste, kleinste Männchen wird auf ein Blatt Papier gestellt und mit einem Magneten über die Rückseite des Papiers hin- und herbewegt.
- Danach werden fünf weitere Papierblätter über das erste Blatt gelegt.
- Das nächstgrößere Männchen wird mittels Magneten über das nun dickere Papier geschoben.

Die Versuchsreihe setzt sich solange fort (für ein weiteres Männchen jeweils fünf Blatt Papier), bis eine entsprechende Anzahl Papier (abhängig von der Stärke des Magneten) das Bewegen des Männchens durch den Magneten unmöglich macht.

Warum ist das so?
Da die Büroklammer aus Metall ist, reagiert sie auf die Anziehungskraft des Magneten. Je mehr Seiten sich zwischen dem Männchen mit der Büroklammer und dem Magneten befinden, desto schwächer ist die Anziehungskraft. In dem Märchen erklärt Mathilda sich so die Größe der Bewohner auf den verschiedenen Planeten: je stärker die Anziehungskraft ist, desto kleiner sind die Bewohner.

> **Zeit im All – Lichtjahre**
> Die Entfernungen sind im Weltall so groß, dass man sie nicht in Kilometern angeben kann. Im All gilt die Zeit, die ein Lichtstrahl benötigt, um von einem Punkt zum anderen zu gelangen. (Licht breitet sich mit einer Geschwindigkeit von ca. 300 000 km pro Sekunde aus.) Das Licht eines Sterns, den wir heute Nacht sehen, wurde vor vielen Jahren gesandt. Das Licht ist also die schnellste Maßeinheit. Die Kinder kennen dieses Phänomen vom Gewitter. Wir sehen den Blitz und beginnen zu zählen bis wir den Donner hören. So lässt sich ungefähr die Entfernung vom Gewitter bestimmen.

Experimente und Praxisbeispiele zu Zeit und Zeitmessung

Die Wahrnehmung der Zeit wird individuell unterschiedlich erlebt. Für Kinder kann eine Stunde eine Ewigkeit bedeuten, wenn man sehnlichst auf die Mutter oder einen Freund wartet und genauso können Stunden verfliegen, wenn ein Spiel interessant ist. Generell richten die Kinder im Kindergarten sich noch

nicht nach der Uhr, ihre Zeit ist überwiegend in Aktivitäten eingeteilt. Bestimmte Zeitabschnitte im Tagesverlauf werden unter Umständen durch Markierungen an der Uhr im Gruppenraum oder mit Hilfe einer Sanduhr verdeutlicht (so viel Zeit bleibt zum Aufräumen).
Auch größere Zeitabschnitte sind immer wieder Thema im Kindergarten: das jährliche Geburtstagsritual wird von den Kindern schon erwartet, der Ankunft der neuen Kinder in einer altersgemischten Gruppe wird unter Umständen mit gemischten Gefühlen begegnet.

Messungen aller Art

Gemeinsam mit den Kindern wird besprochen, was alles gemessen werden kann:
- die Größe der Kinder,
- Entfernungen mit dem Zollstock,
- die Temperatur mit einem Thermometer,
- das Gewicht mit einer Waage,
- die Zeit mit einer Uhr.

> **Tipp**
> Die ersten Maßeinheiten beruhten auf Körpermaße, wie Elle oder Fuß. Wir können dies mit den Kindern nachprüfen und im Vergleich die Genauigkeit dieser Maßeinheiten besprechen. Erste mathematische Einheiten wie Meter und Zentimeter können eingeführt werden.

Tickende Zeit

Die Kinder lauschen dem Ticken einer Uhr und versuchen durch Klatschen, den Takt mitzuhalten. Auch der Pulsschlag oder das Pochen des Herzens folgen einem Rhythmus, dem wir lauschen und z. B. auf ein Orff-Instrument übertragen können.

Zeitmessung früher und heute

Früher maßen die Menschen die Zeit nicht genau, sie unterschieden zwischen Tag und Nacht und erstellten so ihren Kalender. Welche Zeiteinteilungen kennen die Kinder?
Zusammen mit den Kindern wird der **Tagesablauf** genauer betrachtet, unter Umständen wird eine Gruppenzeittafel erstellt. Ein **Wochenüberblick** verschafft Klarheit über alle Aktivitäten im Kindergarten. Im **Jahreszeitenkalender** werden sowohl die Geburtstage der Kinder, die Symbole für Frühjahr, Sommer, Herbst und Winter, wie auch die entsprechenden Feste im Jahreskreis gestaltet.

Lebenszeitenwand

Anhand von Fotos wird die bisherige Lebenszeit der Kinder nachvollzogen. Was konnte ich als Baby, wann lernte ich laufen, wann sprechen, wann kam ich in den Kindergarten, wer sind meine Freunde, wann komme ich in die Schule? Dies sind Zeitabschnitte, die mit den Kindern erarbeitet werden können.
Die Lebenswege der Erzieherin und der Eltern und Großeltern sind natürlich viel länger, Fotos zeigen dies sehr deutlich. All dies kann anschaulich auf einer Lebenszeitenwand dokumentiert werden.

> **Tipp**
> Das Alter der Erde in Jahrhunderten, Jahrtausenden kann durch Entwicklungsstufen der Erde, durch Dokumente von Ausgrabungen, Epochen der Malerei (von der Höhlenmalerei bis zur Moderne) und Architektur erarbeitet werden.

Zeitmessung früher – Kerzenuhr

Eine Kerze wird in gleichgroße Abschnitte durch Markierungen eingeteilt und angezündet. Immer wenn ein neuer Abschnitt heruntergebrannt ist, vergleicht die Erzieherin den Zeitabschnitt auf der Uhr und notiert ihn.
In die Mitte des Plastikdeckels wird ein Loch gebohrt. Unter dem Deckel wird die Korkscheibe befestigt. Ein Holzspieß wird durch den Deckel und die Korkscheibe gesteckt, am unteren Ende des Holzspießes wird waagerecht ein Stroh-

> **Material**
> Ein Plastikdeckel mit ca. 8 cm Durchmesser, ein Trinkhalm, eine Korkscheibe, zwei Kerzen, ein langes Gummiband (z. B. im Bastelgeschäft oder in der Kurzwarenabteilung), ein Holzspieß, Pappe.

halm als Zeiger angebracht. Die beiden Kerzen werden mit Wachs auf dem Deckel befestigt. Ein Ende des Gummibandes befestigt man an der Zimmerdecke, das andere Ende am Holzspieß. Das Gummiband sollte gerade so lang sein, dass der Deckel mit den Kerzen knapp über dem Tisch schwebt. Nun wird eine Skala auf einer Pappe aufgezeichnet und aufgestellt. Wenn die Kerzen herunterbrennen werden sie leichter und der Zeiger (Strohhalm) wandert langsam die Skala hinauf.

Abb. 32 Die Kerzen werden angezündet

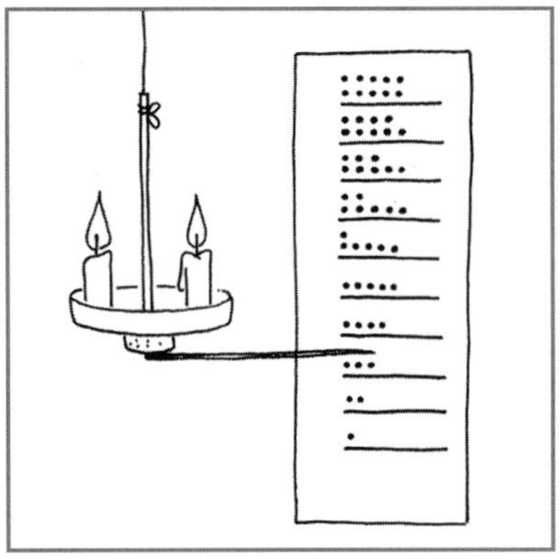

Abb. 33 Die Kerzen brennen ab

Bau einer Sanduhr

Eine Flasche wird etwa bis zur Hälfte mit dem gesiebten Vogelsand gefüllt. Die zweite Flasche wird mit der Öffnung auf die Öffnung der anderen Flasche gesetzt. Anschließend werden die beiden Flaschenhälse mit dem Klebeband verbunden. Durch Drehen der Flaschen rieselt der Sand in die jeweils andere Flasche.
Die vergehende Zeit kann von den Kindern beobachtet werden. Unter Umständen wird die Sandmenge oder auch die Größe des Durchflusses verändert, damit der Sand langsamer oder schneller fließen kann.

Material
Zwei gleich große Flaschen (z. B. kleine Sektflaschen oder ähnliches), Klebeband, sehr feiner Sand (z. B. gesiebter Vogelsand).

Tipp
Eine selbst erstellte Sanduhr kann z. B. die zum Aufräumen verbleibende Zeit signalisieren.

6.3.2 Kunst/Ästhetische Bildung

Was lernen die Kinder dabei? Aspekte ästhetischer Bildung

Nach der Rettung ihrer Eltern bleibt das Ende des Märchens offen: Mathilda und ihre Eltern kehren zurück in eine Welt, die sich im Verlauf von 100 Jahren weiterentwickelt hat – nicht nur die Menschen, die nun dort leben, sondern auch die Landschaft hat sich verändert. Das Ende des Märchens lädt dazu ein, diesen Aspekt aufzugreifen und sich ebenfalls über mögliche Veränderungen auszutauschen.
Auch wenn Kinder deutlich im Hier und Jetzt verankert sind, machen sie sich Gedanken über die Zukunft und darüber, was dann alles anders sein könnte. Hier ist, auch im Rahmen eines ersten Philosophierens, die Fantasie und Kreativität der Kinder gefragt.

Praxisbeispiele

Kinder werden zu Architekten

Räume zu erleben bedeutet mathematisches Verständnis einzusetzen. Raumwahrnehmung, geometrische Strukturen und Formgebung bis hin zu statischen Komponenten kennzeichnen diese Form der Auseinandersetzung.

- Gemeinsam mit der Erzieherin zeichnen die Kinder auf festen Karton einen Grundriss ihres Gruppenraumes und stellen z. B. aus leeren Streichholzschachteln, kleinen Klötzchen oder ähnlichen Materialien die Inneneinrichtung zusammen.
- Auch ihr eigenes Zimmer zu Hause kann vermessen werden, die Inneneinrichtung wird z. B. mit einer Digitalkamera fotografiert. Im Kindergarten bauen die Kinder dann ihr Kinderzimmer in Miniaturausführung nach.

Mein Traumzimmer

In Schuhkartons können Traumzimmer eingerichtet werden. Die Wände werden mit Tapetenresten beklebt und Wunscheinrichtungen aus den vorhandenen Materialien zusammengebaut.
Alternativ können die Kinder mit Ausschnitten aus Zeitschriften/Möbelkatalogen etc. ein Bild von ihrem Traumzimmer gestalten

Tipp

Um Kinder auch weiterhin für Räume und Gebäude im architektonischen Sinne zu begeistern, können z. B. Stadttouren unternommen werden, um verschiedene Gebäude kennenzulernen: Kirche, Rathaus, Kaufhaus, Bibliothek, Kino. Alle Objekte werden bildlich festgehalten.
Schön gestaltete Winkel werden ebenso abgelichtet wie unschöne Plätze in der Gemeinde. Das so entstandene Bildmaterial kann als Ausstellung im Kindergarten seinen Platz finden.

Unser Kindergarten in der Zukunft

In Verbindung mit dem Märchen von Mathilda, die nach 100 Erdenjahren von ihrer Reise zurückgekehrt ist, können mit den Kindern Fantasien entwickelt werden, wie wohl der Kindergarten in ferner Zukunft aussehen könnte.
Aus Materialien aller Art, z. B. Holzbretter, Nägel und Hammer, Rohre, Verpackungsmaterialien, Steine, Kartons, Farben etc. kann nach einem zuvor skizzierten Plan, als Gemeinschaftsarbeit, der Kindergarten der Zukunft entstehen.

Material

Unterschiedliche Natur- und Verpackungsmaterialien, Werkzeug, Farben, Stifte, Papier, Schuhkartons, Kleber, Bilder aus Zeitschriften, Tapetenreste.

6.3.3 Sprache, Kommunikation und Literacy

Was lernen die Kinder dabei? Bildungsaspekte der Sprachförderung

Das Märchen von Mathilda bietet gute Möglichkeiten, Kinder in die Welt und Sprache von Märchen einzuführen. Längst sind Märchengestalten mit ihren typischen Eigenschaften nicht mehr allen Kindern bekannt. Die Kinder im Kindergarten setzen sich heutzutage überwiegend mit Bilderbüchern und Vorlesegeschichten, evtl. Zeitschriften oder kindgerechten Nachschlagewerken auseinander. Tiefer in die Welt des Märchens einzutauchen bedeutet, Kinder gedanklich in fremde Welten zu „entführen", ihnen eine unter Umständen fremde Ausdrucksweise zu vermitteln und sie dazu anzuregen, sich selbst im Rahmen von Sprachspielen und eigenen Erzählungen mit Märcheninhalten auseinanderzusetzen.

Praxisbeispiele

Das Märchen Mathilda

Im Rahmen der Märchenstunden wird den Kindern das Märchen mehrfach erzählt. Die Kinder werden aufgefordert, sich besonders die im Märchen vorkommenden Personen und Wesen zu merken. Die verschiedenen Personen werden mit Unterstützung der Erzieherin zusammengetragen und z. B. auf einem großen Blatt gesammelt.
An welche Personen können die Kinder sich erinnern?

Da gibt es natürlich Mathilda, die Hauptperson und ihre Eltern, Elwin den Elf, eine Elfenkönigin mit all ihren Gefolgsleuten, einen bösen Zauberer, Travon von Akkaron, Vitron und Timara, zwei Elfen mit besonderer Fähigkeit, Akkon, einen freundlichen Zwerg auf Akkaron, den Minister Protektron mit dem Schutzzauber, den Präsidenten von Akkaron und die zwei Forscher, die Zwerge Kundli und Wundli, und schließlich Maralwa von Aruga, eine Riesin.
Gemeinsam mit der Erzieherin wird nun über die verschiedenen Charaktere der einzelnen Personen gesprochen. Welche Personen werden von den Kindern als „gut“ oder „böse“ bezeichnet – wie begründen die Kinder die Zuweisung? Welche Person ist für die einzelnen Kinder die Lieblingsperson, welche Person würden sie gerne sein – und welche auf gar keinen Fall?

Märchenwesen und ihre Gestalt

Welche Märchenwesen kennen die Kinder und welche Eigenschaften haben sie? Anhand von Märchenbüchern aller Art, die die Erzieherin und auf Anfrage bei den Eltern auch die Kinder mitgebracht haben, werden Bilder von verschiedenen Märchenwesen gesucht und fotokopiert. Jedes Kind erhält einen Satz an Vorlagen. Im Stuhlkreis berichten die Kinder, was sie über die einzelnen Wesen wissen: wie sie aussehen, ob sie gut oder böse sind, welche Fertigkeiten sie besitzen.

Zaubersprüche

Im Märchen verhängt der böse Zauberer einen Versteinerungszauber über Mathildas Eltern. Nur mit der Kraft aller Elfen kann dieser Zauber von Mathilda abgewandt und auf den Zauberer zurückgeleitet werden. Ein Zeitzauber ermöglicht Mathilda, für 100 Jahre die Erde zu verlassen, um dann wohlbehalten und mit dem Lebenswasser zur Rettung der Eltern zurückzukehren.
Zaubersprüche haben etwas Magisches. Der allseits bekannte „Hokus Pokus Fidibus“ stellt nur eine Möglichkeit dar, sich mit Zaubereien auseinanderzusetzen. Einige Kindergartenspiele (z. B. der Zauberer Schrappelschruth) oder auch Abzählreime (z. B. „Itzli, bitzli Rabenfuß, rate wer jetzt suchen muss“) bauen auf (Zauber)sprüchen auf.
Gemeinsam mit den Kindern kann überlegt werden, wie der Wortlaut der einzelnen Zaubersprüche im Märchen sein könnte. Die Ideen der Kinder werden ausprobiert (natürlich mit Zauberstab!) und notiert. Beim Nachspielen des Märchens können die ausgedachten Zaubersprüche verwendet werden.

> **Sprachförderung**
> Selbst ausgedachte (Zauber)sprüche können knifflige Wortzusammensetzungen erhalten, die z. B. die Lautanbahnung unterstützen können (z. B. „**K**artoffeln, **K**ohl und Rüben**k**raut – alles ist mit Stein verbaut“).

Das Märchen Mathilda als Theaterstück

Die einzelnen Szenen im Märchen werden mit den Kindern gemeinsam in einem Theaterstück umgesetzt. Die Rollen der Elfen, Zwerge, der Riesin und natürlich von Mathilda und ihren Eltern werden verteilt. Die Dialoge im Märchen werden gemeinsam mit den Kindern erarbeitet. Nach mehreren Proben kann das Märchen, z. B. als Abschluss eines bestimmten Kindergartenabschnitts (evtl. auf dem Sommerfest oder als Faschingseinlage), von den Kindern aufgeführt werden.

Fantasien über die Zukunft

Wir wissen wohl was gestern war und heute ist, doch was wird in Zukunft sein? Die Menschen entwickelten verschiedene Hypothesen wie die Zukunft wohl aussehen kann. Einige davon sind reine Fantasie und andere beruhen auf wissenschaftlichen Experimenten. Propheten und Wahrsager versuchen in die

Zukunft zu blicken, andere versuchen durch den Blick zu den Sternen, die Zukunft vorauszusagen. Einige Wissenschaftler können z. B. durch Wettermessungen Wettervorhersagen treffen, oder durch Experimente die Veränderung unserer Ozonschicht beobachten und Prognosen abgeben.
Im Stuhlkreis können Gedanken über die Zukunft mit den Kindern gesponnen werden. Welchen Beruf werde ich haben, werde ich auch Mama oder Papa sein, wo wohne ich, wie sieht mein Haus aus, welche Kleidung trage ich? Dies sind nur einige Fragenkomplexe, die entsprechende Sprachanlässe schaffen.

> **Tipp**
> Zur Unterstützung des „Blicks in die Zukunft" kann eine besonders schöne Glasmurmel im Stuhlkreis herumgegeben werden. Das Kind, das gerade im Besitz der Glasmurmel ist, darf einen Blick in die Zukunft wagen.

6.3.4 Soziales Lernen und Werteorientierung

Was lernen die Kinder dabei? Bildungsaspekte der Sozial- und Werteorientierung

Entwicklungspsychologisch betrachtet streben die Kinder im Kindergartenalter immer stärker nach gemeinsamem Austausch: sie spielen zunehmend mehr mit anderen Kindern, treffen Absprachen, lösen Konflikte, finden Kompromisse und beginnen, sich als Teil einer Gruppe zu verhalten. Sich nicht alleine zu fühlen, gemeinsam zu handeln und sich gemeinsam über Ergebnisse zu freuen, ist daher schon im Kindergarten ein wichtiger Lerninhalt. Nach der familiären Einheit Eltern/Kind kommt durch den Kindergartenbesuch eine neue und auch wichtige Komponente dazu: Freunde finden, etwas gemeinsam unternehmen, einen ersten und kleinen Schritt nach draußen, außerhalb des Familiensystems wagen.
Auch im Märchen werden diese Aspekte angesprochen.

Praxisbeispiele

Wer kann helfen?

In dem Märchen erfährt Mathilda Unterstützung und Hilfe. Nur durch das gemeinsame Handeln aller Elfen wird der Versteinerungszauber von ihr abgewendet, auf ihrer langen und auch unsicheren Reise wird sie von einem Freund begleitet und auf den verschiedenen Planeten stehen unterschiedliche Geschöpfe ihr mit Rat und Tat zur Seite.

Nachdem die Erzieherin mit den Kindern die einzelnen Situationen im Märchen besprochen hat, überlegen sie gemeinsam, an welchen Stellen Mathilda Hilfe benötigt und wie ihr bzw. durch wen ihr geholfen wird.
In einem weiteren Schritt werden die Situationen im Märchen auf das Leben der Kinder übertragen. Unterstützende Fragen können dabei das Gespräch anregen, wie z. B.:

- Wer ist dein bester Freund/deine beste Freundin?
- Wobei brauchst du Hilfe?
- Wer kann dir gut helfen?
- Hast du schon einmal jemandem geholfen?

Patenschaften

In einer altersgemischten Gruppe benötigen die jüngeren Kinder insbesondere zu Beginn eines Kindergartenjahres mehr Unterstützung. Zusammen mit den Kindern können Patenschaften festgelegt werden: die älteren Kinder begleiten

z. B. die jüngeren Kinder in den Waschraum, sie zeigen ihnen den Kindergarten oder sitzen zusammen im Morgenkreis. Auch in der Garderobe beim Anziehen können Hilfestellungen vereinbart werden: das Kind, das schon Schleifen binden kann, kann Hilfe anbieten oder die Kinder helfen sich gegenseitig beim Schließen des Reißverschlusses.

Mathilda ist nach einer spannenden und nicht ungefährlichen Reise zu fernen Welten und Wesen wieder auf die Erde zurückgekehrt. Sie konnte sich auf Freunde verlassen und ihren Mut und Entschlossenheit beweisen. Ihr eigentliches Ziel hat sie nie aus den Augen gelassen. Es hat sich nichts und doch alles verändert. Sie konnte nach 100 Jahren ihre Eltern wieder in die Arme schließen und mit Zuversicht ein neues Leben im Dorf zusammen mit Freunden und ihrer Familie wagen.

Abb. 34 Die Sitzung im Wald